FANGFU TULIAO
PEIFANG ZHIBEI YU YINGYONG

防腐涂料
配方、制备与应用

李东光　主编

化学工业出版社
·北京·

内容提要

本书针对耐腐性、耐候性、耐久性、施工性能好的 162 种防腐涂料进行了详细介绍，包括原料配比、制备方法、原料介绍、产品应用、产品特性等内容，简明扼要、实用性强。

本书适合从事涂料生产、研发、应用的人员参考，也可供精细化工等相关专业师生使用。

图书在版编目（CIP）数据

防腐涂料配方、制备与应用 / 李东光主编 .—北京：
化学工业出版社，2020.3
ISBN 978-7-122-36115-8

Ⅰ.①防… Ⅱ.①李… Ⅲ.①防腐 – 涂料 – 配方
Ⅳ.① TQ630.6

中国版本图书馆 CIP 数据核字（2020）第 021911 号

责任编辑：张 艳 刘 军　　　　　文字编辑：陈 雨
责任校对：张雨彤　　　　　　　　装帧设计：王晓宇

出版发行：化学工业出版社（北京市东城区青年湖南街 13 号 邮政编码 100011）
印　　装：三河市延风印装有限公司
710mm×1000mm　1/16　印张 12 ½　字数 255 千字　2020 年 8 月北京第 1 版第 1 次印刷
购书咨询：010-64518888　　售后服务：010-64518899
网　　址：http://www.cip.com.cn

前 言

防腐涂料是现代工业、交通、能源、海洋工程等领域应用极为广泛的一种功能（特种）性涂料。在各种防腐技术中，涂料防腐技术应用最广泛，因为它具有多种特性。首先，它施工方便，着色性好，适应性强，不受设备面积、结构、形状的限制，重涂和修复方便，费用也较低。其次，它可与其他防腐措施配合使用（如阴极保护等），可获得较好的防腐效果。由此可见，防腐涂料具有重要的地位及广阔的发展前景。

按涂料膜层的耐腐蚀程度和使用要求，通常将防腐涂料分为通用型（或轻型）和重防腐型两类，最近有人还提出了一类超重防腐型。根据使用环境、腐蚀介质的情况选用不同类型的防腐涂料。在一般大气环境的腐蚀条件下，如机床、汽车、铁路车辆、家电等行业，常采用通用防腐涂料，此时还要求涂层具有较好的装饰功能；在工业或海洋性大气腐蚀环境条件下，如化工、石油化工、冶金、海洋工程等行业，多采用重防腐涂料；在极其恶劣的腐蚀环境条件下，如航天、核电工业等，应采用超重防腐涂料。

防腐涂料是涂料中的一类品种，因此在具备涂料的基本物理、力学性能外，还应该具备下列特点：

（1）高耐腐性　不被腐蚀介质溶胀、溶解、破坏、分解，处于稳定状态。

（2）高耐候性　适应户外环境温度的变化和具有较好的抗紫外光能力。

（3）高耐久性　涂层使用寿命长。

（4）涂膜层较厚　涂层透气性和渗水性小。膜层厚度一般为：通用型 150 ~ 200μm，重防腐型 200 ~300μm，超重防腐型 300 ~500μm。

（5）较好的施工性能和配套性能。

近年来，我国防腐涂料发展很快，在传统防腐涂料的基础上开发了许多性能优良的新型防腐涂料，如：高含固涂料、长效重防腐涂料、鳞片防腐涂料、粉末涂料、无溶剂涂料、水性涂料、含氟涂料等。还有一些专用防腐涂料，如：换热器涂料、抗静电涂料、高弹性涂料、抗裂涂料、无毒涂料等。我国防腐涂料品种超过1000 种，防腐涂料年产量在15 万 ~17 万吨，其中重防腐涂料为6 万吨左右。防腐涂料生产厂家约有650 多家，专门生产防腐涂料的厂家有90 家，年产量在千吨以上的有几十家。这些涂料已大量应用到了实际工程之中。随着高性能防腐涂料的不断开发和应用，涂料防腐将会越来越显示出在工业领域中的重要性，而且也将会不断扩大使用范围，也就是说，将会不断为涂料行业开拓出新的市场。

我国防腐涂料尽管目前中高档产品比例不高，但从整体水平看，位于世界前列，特别是重防腐涂料，国外现有的品种国内几乎都有，市场有需求的防腐涂料新品种大都能及时开发出来。目前我国的防腐涂料基本上为溶剂型涂料，排放的挥发性有机物（VOC），严重污染环境，浪费资源。随着环保形势的日益严峻，发达国家已停止或限制使用大部分传统高溶剂含量的防腐涂料，转向环境友好型方向发展，如美国水性涂料的产量已占52%，德国为46%，日本为17%，而作为涂料生产大国的我国仅为8%。因此，生产和使用环境友好型涂料已势在必行。我国防腐涂料正朝着无毒（或低毒）、无污染、省能源、经济高效的方向迈进。

本书中收集了162种防腐涂料制备实例，详细介绍了产品的配方和制法、用途与用法、特性等，旨在为防腐涂料工业的发展尽点微薄之力，供从业人员开发相关产品时作为参考资料使用。

本书的配方以质量份表示，在配方中若注明以体积份表示的情况下，需注意质量份与体积份的对应关系，例如：质量份以 g 为单位时，对应的体积份是 mL；质量份以 kg 为单位时，对应的体积份是 L。

本书由李东光主编，参加编写的还有翟怀凤、李桂芝、吴宪民、吴慧芳、蒋永波、邢胜利、李嘉等。由于编者水平有限，疏漏和不足之处在所难免，请读者对使用本书过程中发现的问题及时指正，主编 Email 地址为 ldguang@163.com。

李东光

2020 年 3 月

目　录

一、 通用防腐涂料

配方 1　常温固化的自组装复合纳米氧化物防腐涂料

原料配比

原料	配比（质量份）						
	1#	2#	3#	4#	5#	6#	7#
正硅酸乙酯	10	10	10	10	10	10	10
无水乙醇	100	100	100	100	100	100	100
0.5%的乙酸溶液	5	5	3	4	1	3	5
乙酰丙酮	—	0.6	—	0.6	0.3	—	1.5
乙醇	—	10	—	10	10	—	10
钛酸正丁酯	—	2	—	1.2	2	—	3
去离子水	—	0.2	—	0.12	0.2	—	0.3
十二氟庚基丙基三甲氧基硅烷	1	3	1	3	1	2	3
$N-(\beta-$氨乙基$)-\gamma-$氨丙基三甲氧基硅烷	1	2	2	2	—	2	—
双$-[\gamma-($三乙氧基硅$)$丙基$]$二硫化物	—	—	—	—	1	—	1.5
$\gamma-(2,3-$环氧丙氧$)$丙基三甲氧基硅烷	—	—	1	—	—	3	—
羟基硅油	—	—	2	—	—	2	—

制备方法

（1）方法一：将正硅酸乙酯溶于无水乙醇中，加入0.5%的乙酸溶液，常温下搅拌5h，加入硅烷偶联剂，继续常温下搅拌1h，这两种硅烷偶联剂在相应的纳米粒子表面修饰，使纳米粒子自组装，在金属材料表面形成致密的涂层。

（2）方法二：将正硅酸乙酯溶于无水乙醇中，加入0.5%的乙酸溶液，常温下搅拌5h，得到纳米二氧化硅溶胶，将乙酰丙酮溶于乙醇中，然后加入钛酸正丁酯，搅拌5min后加入去离子水，搅拌1h使纳米二氧化钛粒子均匀分散在溶剂中（透明和稳定），将上述的两种溶胶混合后，加入硅烷偶联剂，继续在常温下搅拌1h，这两种硅烷偶联剂在相应的纳米粒子表面修饰，使纳米粒子自组装，在金属材料表面形成致密的涂层。

产品应用　本品主要应用于金属材料的表面处理。

产品特性　将上述相关的纳米粒子与上述相关的硅烷偶联剂混合，室温下搅拌1～10h，得到硅烷偶联剂修饰的相应的纳米粒子，然后同上述的有机硅树脂溶液混合，得到纳米防腐涂料，用于金属底材后，该涂层常温固化，膜层致密，涂层缺陷少，腐蚀物难以通过涂层抵达被保护底材，达到优异防腐的目的。

配方 2　导电型防锈防腐耐热涂料

原料配比

原料	配比（质量份）
石墨	24
合成树脂清漆	31
聚二甲基硅氧烷液体	0.6
三氧化二铁	4
三氧化二锑	0.6
二氧化钛	5
氧化镁	0.3
氧化锌	1.5
四氧化三铅（纯度98%）	6
200#溶剂汽油	27

制备方法　首先将合成树脂清漆、200#溶剂汽油分别除去粗渣污物后放入容器内待用。另将石墨、三氧化二铁分别过120目不锈钢筛网后，装入不同容器待用。

按原料配比取粉末状二氧化钛、三氧化二锑、氧化镁、氧化锌、四氧化三铅（纯度98%）放入调料机，并且将过筛后的石墨、三氧化二铁放入调料机，在常温常压下使上述物料混合均匀。然后将合成树脂清漆按原料配比加入调料机中，与原有物料搅拌混合均匀。

将聚二甲基硅氧烷液体（俗称硅油）及200#溶剂汽油先后加入调料机，与原有物料搅拌混合均匀即制得导电型防锈防腐耐热涂料。

按每个包装5kg计量，将配制好的涂料装入铁皮桶，送封口机封口，将涂料放在室内洁净处，防晒，储存温度不低于1℃。

产品应用　本涂料可以涂覆于表面处理后、点焊复合前的两块钢板需相互接触的表面，作为导电型防锈、防腐、耐热保护层使用；涂覆于经常处于高温高湿环境中的钢铁制品表面，作为防锈、耐热、抗氧化防护层使用；涂覆于钢铁表面作为防锈层或防腐层使用，也可作为焊接、切割底漆使用；涂覆于汽车水箱、船舰壳体、输油管表面，作为导电加热层使用；涂覆于屋顶和水泥表面等处，作为导电加热层使用。

产品特性

（1）本涂料虽是特种涂料，但其生产工艺要求和设备要求较低，原料基本上都是普通易得的廉价化工材料，成本较低，且完成整个生产工艺过程的时间不长，耗能低，无"三废"污染。

（2）本涂料的施工方法与一般涂料的施工方法相似，可喷涂（包括等离子喷涂及静电喷涂）、刷涂、浸渍涂覆，也可用滚筒涂覆，对钢铁工件的要求只需表面无油、无锈、洁净即可。

（3）本涂料涂覆时，覆盖能力强，涂层常温固化，具有较强的干燥性。干燥后涂层的防锈、防腐、耐湿、耐溶剂、耐化学介质、耐热、耐老化性能良好，导电性能稳定。

配方3　低温快干水性金属防腐涂料

原料配比

原料	配比（质量份）			
	1#	2#	3#	4#
水性树脂	48.0	49.9	51.5	43.4
分散剂	5.0	4.5	4.0	5.5
颜填料	27.9	26.0	23.5	32.0
防沉剂	0.7	0.7	0.6	0.9
润湿流平剂	0.6	0.6	0.6	0.6
触变剂	0.8	0.8	0.8	0.8
消泡剂	0.5	0.5	0.5	0.5
防闪蚀剂	0.5	0.5	0.5	0.5
成膜助剂	4.0	4.5	6.0	3.8
去离子水	12.0	12.0	12.0	12.0

制备方法

（1）将部分水性树脂加入搅拌槽中，加入分散剂，边搅拌边加入颜填料和防沉剂，然后分散均匀，分散时间为15~25min，且温度控制在50℃以下。

（2）将步骤（1）中分散均匀的物料磨细后，加入剩余的水性树脂、润湿流平剂、触变剂、消泡剂、防闪蚀剂、成膜助剂和去离子水，搅拌均匀，调整pH值，静置，过滤，包装。注意：砂磨磨细至物料细度为15μm以下；磨细后的物料搅拌均匀；调整pH值为8.0~8.5；静置时间至少为20~30min；过滤时采用250~350目筛网。

原料介绍　所述的分散剂是指高分子嵌段分散剂，如EFKA-4585及毕克公司BYK-190、BYK-191等相应产品。

所述的颜填料是指氧化铁红、SZP-391、超细硫酸钡、三聚磷酸铝、水分子阻隔剂和云母粉中的一种或两种以上的混合物。

所述的防沉剂是指气相二氧化硅或膨润土。

所述的润湿流平剂是指BYK-346、BYK-348和TEGO-245中的一种或两种以上的混合物。

所述的触变剂是指BYK-425、HV-30、Rheovis132和Rheovis112中的一种或两种以上的混合物。

所述的消泡剂是指毕克公司的BYK-018、BYK-022和德国迪高公司的TEGO-825中的一种或两种以上的混合物。

所述的防闪蚀剂是指延缓金属锈蚀的溶液，如Halox-510、Halox-515、FLASH-X330等相应产品中的一种或两种以上的混合物。

所述的成膜助剂是指提高涂膜成膜性能的助剂，如TMP-95、TEXANOL、乙二醇单丁醚等相应产品中的一种或两种以上的混合物。

产品应用　本品是一种防腐涂料，更是一种低温快干水性金属防腐涂料。该水性金属防腐涂料具有低温快干、施工方便的特点，其涂层具备良好的理化性能及耐腐蚀性能。

产品特性

（1）本品作为低温快干水性金属防腐涂料，能够适应现有油性喷涂线的低温烘烤的固化条件,可在60~80℃下快速固化成膜,固化后的漆膜具有光泽、硬度、耐中性盐雾、抗刮伤良好等特点。同时,本品对温湿度变化引起的误差非常小,只要适当调整施工黏度即可解决,而且对于静电喷涂工艺条件都能很好满足,能适应流水线的高效率运转。

(2)本低温快干水性金属防腐涂料中的树脂,采用的原料为水乳型丙烯酸乳液;成膜助剂为无毒的醚类溶剂,且含量较少;颜填料均不含铅、铬等重金属。其挥发性有机化合物含量低于我国对水性涂料有害物质限量的要求,是一种环保的涂料。

配方4　防腐乳胶漆

原料配比

原料	配比（质量份）
片状镁粉	33
环氧树脂	23
正丁醇	6
乙醇	0.03
硅烷偶联剂	4
铁钛粉	7
云母氧化铁	3
有机膨润土	6
水	17.97

制备方法　将环氧树脂置于60℃水中,加入正丁醇,约30min后溶解,冷却至室温备用。将片状镁粉加入配制的环氧树脂溶液中,依次加入硅烷偶联剂、铁钛粉、云母氧化铁、有机膨润土和乙醇,进行超声分散,分散10~12min后,可得防腐乳胶漆。

原料介绍　所用片状镁粉的粒径为700~800目,厚度为0.1μm。

镁粉的选择应兼顾乳胶漆的防腐性能和施工性能,镁粉形状有球状和片状,球状镁粉比片状镁粉的防腐性要差,这主要是因为其抵抗水蒸气和腐蚀介质渗透的能力比片状镁粉要弱。片状镁粉的片径越大,抵抗水蒸气和腐蚀介质渗透的能力就越强,越能延缓介质对漆层的浸蚀速度,即耐腐蚀能力增强。但随着片径的增大,颗粒较粗,容易堵塞喷嘴,造成喷漆困难。

产品应用　本品主要用作防腐乳胶漆。

产品特性　本品乳胶漆具有防腐能力强、性价比高的优点,具有较好的应用前景。

配方5　防腐润滑涂料

原料配比

原料	配比（质量份）			
	1#	2#	3#	4#
环氧树脂	2.8	1.5	6.5	8.5
酚醛树脂	3.5	5.0	3.5	13.0
端羧基丁腈	1.5	0.5	1.5	4.5

续表

原料	配比（质量份）			
	1#	2#	3#	4#
二硫化钼	8.5	15.5	8.5	8.0
三氧化二锑	2.0	3.4	2.0	1.0
氧化铅	0.5	0.0	0.5	1.0
合成蜡	0.8	1.0	0.9	0.5
有机膨润土	0.2	0.4	0.2	0.5
混合溶剂	加至100	加至100	加至100	加至100

混合溶剂组成

原料	配比（体积份）			
	1#	2#	3#	4#
丙酮	20	15	30	20
丁酮	25	40	25	25
甲苯	30	30	25	25
乙二醇乙醚	25	15	20	25

　　制备方法　按比例称取环氧树脂和端羧基丁腈橡胶，将其混合物在120℃条件下预聚反应1~2h；将二硫化钼、三氧化二锑、氧化铅、合成蜡、有机膨润土按所述比例混合，放入球磨罐中，加入适量的混合溶剂进行研磨，分散到所需粒度后加入胶黏剂（即加入环氧树脂和端羧基丁腈橡胶的预聚体及酚醛树脂）研磨0.5h，再加入余量的混合溶剂即可。

　　产品应用　本品适用于沿海地区机械行业中滑动件的润滑和防腐。

　　产品特性　本品不仅具有良好的耐磨、承载和润滑性能，而且具有优异的防腐性能，喷涂有该涂料的金属滑动件可在高温度的大气环境中长期使用，可解决沿海地区机械行业中滑动件的润滑和防腐问题。

配方6　金属防腐涂料

原料配比

原料	配比（质量份）		
	1#	2#	3#
邻苯二甲酸二丁酯	15	10/10	20
乙醇	5	—	10/10
丙酮	5	2/3	5/5
酚醛树脂	15	20	10
环氧树脂6101	40	—	—
环氧树脂607	—	30	—
环氧树脂609	—	—	50
邻苯二甲酸二辛酯	15	—	20
丁醇	5	2	—
硅油	—	5	10

续表

原料	配比（质量份）		
	1#	2#	3#
丙酮	5	—	—
丙烯酸树脂	10	—	—
钛白粉	20	5	15
钛酸钡	—	—	15
高岭土	—	5	—
钼红	2	—	—
铁红	—	1	—
软黑	—	—	2.9
有机膨润土	0.8	0.2	—
气相二氧化硅	—	0.3	—
聚醚改性硅油	—	—	0.9
稀释剂（丙醇和丁酮3:2的混合物）	25	—	—
稀释剂（丁醇和丙酮1:1的混合物）	—	15	35

制备方法

（1）在40～90℃时，在稀释剂存在下，用酚醛树脂对环氧树脂进行改性，得到改性树脂FH。

（2）在60～110℃时，在稀释剂存在下，用抗老化剂对改性树脂FH进行改性，得改性环氧树脂。

（3）在上述改性环氧树脂中加入填料（钛白粉、钛酸钡、高岭土）、颜料（钼红、铁红、软黑）、助剂（有机膨润土、气相二氧化硅、聚醚改性硅油），搅拌研磨，得混合料。

（4）边搅拌边在上述混合料中加入醇类、酮类或其混合物，调至所需要的黏度。

产品应用　本品用于涂覆金属表面。

产品特性　本品耐高温，耐碱性水腐蚀，附着力强，流动性好，灌装操作范围宽，并且具有环保功能。

配方 7　防腐耐温涂料

原料配比

原料	配比（质量份）		
	1#	2#	3#
硅氧烷改性丙烯酸树脂	8	4	10
铝粉（800目）	31.5	12	17
石墨粉（325目）	15	15	20
纳米铝粉（100nm）	3.5	3	3
纳米碳化硅粉	18	10	25
三甲苯	23.5	—	—
正丁醇	—	55.9	24.7
硅烷偶联剂	0.5	0.1	0.3

制备方法 将组分原料按照配比加入混合容器中，混合，搅拌，具体物料加入顺序可按照实际需要来安排，搅拌均匀后包装成品，待用。

产品应用 本品主要广泛应用于各种燃气热水器以及锅炉热交换器。

喷砂步骤：将待涂装工件放在喷砂机内，用压缩空气将 140 目的砂粒喷射到待涂装工件表面。

脱脂步骤：将待涂装工件放在温度为 70～100℃，浓度为 10～15g/L 的氢氧化钠溶液中浸泡 10min。

水洗和烘干步骤：将脱脂后的待涂装工件用去离子水冲刷 2～3 遍，然后将待涂装工件放在烘箱中，于 90℃下烘烤 20min。

产品特性 本品具有优异的耐高温、耐腐蚀性能，可以耐 600～800℃的高温，在此高温下仍具有优异的耐腐蚀性。经过本防腐涂料涂装的工件，其涂层具有优异的耐高温和耐腐蚀的性能，可耐 600℃的高温，经过 90d 耐久试验，涂层表面没有腐蚀现象。

配方 8   氟树脂改性丙烯酸耐久型隔热防腐涂料

原料配比

原料		配比（质量份）
A 组分	氟树脂改性丙烯酸树脂	30～40
	隔热材料	6～17
	热反射材料	7～20
	填料	10～25
	溶剂	10～20
	助剂	2～3
B 组分	固化剂	40～60
	溶剂	60～40

制备方法 将隔热材料、热反射材料、填料、氟树脂改性丙烯酸树脂、助剂分散到溶剂中，混合后搅拌形成 A 组分。将溶剂和固化剂混合后形成 B 组分。A、B 两种组分分别包装，使用时按比例混合搅拌均匀即可使用。

原料介绍 所述的氟树脂改性丙烯酸树脂为羟基丙烯酸树脂与氟碳树脂按 3∶1 拼混而成。

所述的隔热材料选自空心陶瓷微珠、闭孔膨胀珍珠岩、空心玻璃微珠等空隙材料中的一种或多种的组合。隔热材料的颗粒范围为 100～2000 目。

所述的热反射材料选自钛白粉、氧化锌、铝粉等热反射材料中的一种或多种的组合。热反射材料的颗粒范围为 100～2000 目。

所述的填料选自超细云母、重晶石、硅灰石、滑石粉、煅烧高岭土中的两种或几种。

所述的助剂选自消泡剂、分散剂、润湿剂、流平剂、增塑剂、防结皮剂中的两种或几种。

所述的固化剂选自异氰酸酯固化体系，有六亚甲基二异氰酸酯、异佛尔酮二异氰酸酯等。

所述的溶剂选自乙酸乙酯、乙酸丁酯、甲基异丁基酮、丙二醇甲醚乙酸酯、环己酮、异佛尔酮、二甲苯等酯类、酮类和芳香烃类溶剂中的一种或几种组合。

产品应用 本品主要用作耐久型隔热防腐涂料，属于建筑材料领域，可应用于建筑屋面、金属板材、釉面砖、装饰瓦等材料表面。

产品特性 本品具有优异的耐光耐候性能，经氟树脂改性后，户外暴晒耐久性强，耐紫外光照射，不易分解和变黄，能长期保持原有的光泽和色泽，耐酸、耐碱、耐沾污性高。同时，本品涂料使用低热导率及高光折射率、反射率和耐腐蚀性高的功能材料为填料，涂膜致密，具有优异隔热和防腐性能。本品涂料各种材料有机结合，可协同发挥作用，使得到的氟树脂改性丙烯酸涂料既具有装饰效果，又具有隔热、防腐、高耐候等特殊功能。

配方9 复合防腐涂料

原料配比

原料		配比（质量份）	
A组分	超支化环氧树脂	50~80	1~3
	吡咯	3~50	
	稀释剂	0~20	
B组分	三氯化铁	20~80	1
	固化剂	10~70	
	稀释剂	1~10	

制备方法

（1）A组分的制备：将双酚类化合物、四丁基溴化铵、三羟甲基丙烷三缩水甘油醚以摩尔比为 1∶（0.03~0.08）∶（1.3~1.5）以及 DMF 加入带有回流冷凝管、温度计、搅拌桨、N_2 入口的反应器中，在氮气气氛中加热反应 24h 后，将反应体系冷却，然后沉入去离子水中，将沉淀物用丙酮稀释，用无水硫酸镁干燥过夜，过滤去硫酸镁，再在乙醚中沉淀纯化得到浅黄色透明液体状超支化环氧树脂。

将制得的超支化环氧树脂、吡咯、稀释剂按原料配比混合均匀后，即得 A 组分。

（2）B组分的制备：按原料配比，将 $FeCl_3$ 用稀释剂溶解，加入固化剂混合均匀，即得 B 组分。

（3）将 A 组分和 B 组分按原料配比（1~3）∶1 混合均匀，过滤。

原料介绍 所述的稀释剂为醇或酮化合物。

所述的固化剂为 NX-2041，其活泼氢当量为 82。

所述的超支化环氧树脂为由双酚 A、间苯二酚、对苯二酚、双酚 F、氢化双酚 A或双酚 S 与三羟甲基丙烷三缩水甘油醚生成的超支化环氧树脂。

所述的稀释剂为乙醇、异丙醇、正丁醇、丁酮或丙酮，使用时在 80℃固化即为超支化环氧树脂/聚吡咯复合防腐涂料。

产品应用 本品主要用于金属的防腐。

产品特性 本品防腐涂料具有优异的防腐性能和物理力学性能，且对环境友好。

配方 10　复合钛无机耐腐蚀涂料

原料配比

原料（釉面料）	配比（质量份）
二氧化钛	8
氧化锆	2
氧化硼	10
氧化锑	6
氟硅酸钠	4
氧化铝	6
二氧化硅	47
氧化钙	7
其他添加剂	10
原料（成品）	配比（质量份）
釉面料	70
钛黑	10
石英	15
钼酸钡	1
氧化锑	1
硼砂	2
黏土	8
水	23

制备方法

（1）将二氧化钛、氧化锆、氧化硼、氧化锑、氟硅酸钠、氧化铝、二氧化硅、氧化钙和其他添加剂按比例混合均匀，得到釉面料。

（2）将釉面料在煅烧炉内于 1200℃ 下煅烧 30min。

（3）将煅烧后的釉面料用球磨机球磨至 200 目以下。

（4）将球磨合格的釉面料加入钛黑、石英、钼酸钡、氧化锑、硼砂、黏土，用水调成浆料，即为本品。

产品应用　本品适用于日常生活和建筑行业中的各种工件的表面处理。

产品特性　本品由于采用了高效催化作用的低价氧化钛——钛黑，所以涂覆的工件煅烧温度低，时间短，节能节时，可以用自制设备生产，设备投资少；涂覆的成品颜色丰富多彩，美观大方，可以生产多种工艺品；由于采用了不溶于水的高耐腐蚀低价氧化钛——钛黑，工件的耐酸性能甚至优于不锈钢。

配方 11　高隔热防腐涂料

原料配比

原料	配比（质量份）				
	1#	2#	3#	4#	5#
环氧改性有机硅树脂	70	50	60	60	55
空心微球	10	20	15	10	12

原料	配比（质量份）				
	1#	2#	3#	4#	5#
复合阻燃剂	10	15	10	10	10
水滑石	5	10	7	9	15
二氧化钛	4	3	6	8	5
助剂	1	2	2	3	3

环氧改性有机硅树脂

原料	配比（质量份）				
	1#	2#	3#	4#	5#
双酚 A 型环氧树脂	50	50	50	50	50
γ - 氨丙基三乙基硅烷	75	40	30	60	50
PhSi(OMe)$_3$	85	35	20	70	55
MeSi(OMe)$_3$	65	50	50	75	60

制备方法 将空心微球、复合阻燃剂、二氧化钛和水滑石放到 95～100℃ 烘箱中干燥 3～5h。然后在环氧改性有机硅树脂中先加入复合阻燃剂、二氧化钛、水滑石和助剂，经过高速球磨混合均匀后，再加入空心微球隔热，低速搅拌分散均匀制得。

原料介绍 环氧改性有机硅树脂的制备方法：在丙二醇单丙醚和二甲苯的混合溶剂中加入双酚 A 型环氧树脂和 γ - 氨丙基三乙基硅烷，在 60～70℃ 下反应 3～4h，在反应得到的混合物中加入 PhSi(OMe)$_3$ 和 MeSi(OMe)$_3$，在水和异丙醇中于 60～65℃ 继续反应 3～5h，得到有机硅含量为 65%～85% 的环氧改性有机硅树脂。

空心微球为二氧化硅空心微球，粒径范围 10～100μm。

复合阻燃剂由氢氧化镁、磷酸二氢铵和三氧化二锑组成，氢氧化镁：磷酸二氢铵：三氧化二锑为 3∶1∶1（质量比）。

水滑石和二氧化钛的粒径范围 325～800 目。

助剂包括分散剂、偶联剂和防沉剂。其中，防沉剂占整个涂料总量的 0.1%～0.5%；分散剂：偶联剂为 1∶(0.3～3)（质量比）；分散剂为丙烯酸类分散剂，如聚丙烯酸或油酸酰胺。

偶联剂为钛酸酯类偶联剂，如二钛酸二乙酯等。

防沉剂为气相纳米二氧化硅或膨润土。

高速球磨的速度为 200～500r/min 适宜，可获得良好的耐热、防腐性能；低速搅拌的速度为 50～150r/min 适宜，可获得良好的隔热性能。

产品应用 本品主要用作隔热涂料，是一种高隔热防腐涂料。该涂料主要用于高速列车的隔热防腐，也可用于汽车发动机的隔热防腐，钢铁企业高温运输管道的隔热防腐，以及用于钢结构厂房的隔热防腐等领域。本品可广泛应用于 -55～500℃ 温度范围内的各种保温隔热设备，特别是综合性能要求高的高速列车和各种航空飞行器上。

产品特性 本品采用的高速球磨的速度适宜，可获得良好的耐热、防腐性能；

采用的低速搅拌的速度适宜，可获得良好的隔热性能。本品制备过程简单、合理，易于实施。

配方 12　高性能防水防腐涂料

原料配比

原料	配比（质量份）
废聚苯乙烯泡沫塑料碎块	1000
松香	120
乙酸乙酯	580
甲苯	350
溶剂	550
甲苯二异氰酸酯	40
废再生橡胶	300

制备方法

（1）首先将基料废聚苯乙烯泡沫塑料碎块置于反应器中。

（2）组分以废聚苯乙烯泡沫塑料为基料，还包括废再生橡胶、松香、乙酸乙酯、甲苯、溶剂和甲苯二异氰酸酯。按原料配比加入松香、乙酸乙酯、甲苯、溶剂、甲苯二异氰酸酯，加温，泡沫塑料溶解至无泡。

（3）最后加入废再生橡胶混合至稀糊状，拉出细丝，过滤。

产品应用　本品主要用作建筑业的防水防腐涂料。

产品特性　本品具有高分散度和渗透力，耐候性好，耐酸碱与高温，储存要求低，性能稳定。其制造工艺简单、工艺条件低、综合成本低。另外，以废聚苯乙烯泡沫塑料为基料，变废为宝，减少"白色污染"。

配方 13　工业防腐涂料

原料配比

原料	配比（质量份）
二盐基性亚磷酸铅	0.4
环己酮	11
乙酸丁酸纤维素	0.25
二甲苯	13
磷酸三丁酯	0.3
聚氨酯树脂	23.6
环氧树脂	13
邻苯二甲酸二丁酯	0.5
590#固化剂	2.2
钛白粉	25
己二异氰酸酯	10.7
防腐防霉剂	0.35

制备方法　将上述各组分混合后，加温至160℃，静置24h，以400r/min的速度高速搅拌后研磨，再以40r/min的速度低速搅拌后研磨，过滤后即得本品。

产品应用　本品广泛用作工业防腐与民用建筑涂装涂料。

产品特性　本品具有耐盐酸、耐硝酸、防水、防锈、防酸雨、防静电、耐油、耐高温、耐寒、阻燃、涂膜硬度高及柔韧性强、施工使用方便等特点。

配方 14　环保型防腐散热粉末涂料

原料配比

原料		配比（质量份）								
		1#	2#	3#	4#	5#	6#	7#	8#	9#
基体树脂	聚酯树脂	90	80	—	—	—	80	40	—	50
	丙烯酸树脂	—	—	60	—	—	—	—	—	40
	氟碳树脂	—	—	—	50	—	—	40	50	—
	聚酯改性环氧树脂	—	—	—	—	60	—	—	—	—
	环氧树脂	—	—	—	—	—	—	—	30	—
固化剂	封闭型异氰酸酯	40	—	—	—	—	—	—	30	—
	聚酯树脂	—	30	—	—	20	30	30	—	40
	异氰脲酸三缩水甘油酯	—	—	10	20	—	—	—	—	—
纳米碳管		10	8	4	2	5	8	10	10	10
纹理剂		1	1	1	0.8	1	1.5	1	1.5	1
脱气剂		0.8	0.8	0.5	0.8	0.8	0.5	1	0.5	1
六方氮化硼		4.5	4	2	2	3	4	4	4.5	4
氮化铝		—	10	2	6	8	12	14	10	15
氮化镁		—	—	2	4	5	7	8	5	10
碳化硅		—	—	—	4	5	7	8	2	10
颜填料		30	30	10	20	18	25	20	25	35

制备方法

（1）按原料配比选取基体树脂、固化剂、纳米碳管、添加剂、六方氮化硼、氮化铝、氮化镁、碳化硅和颜填料放入混料罐，然后通过挤出机挤出，通过关风机冷却得到压片料。

（2）取步骤（1）得到的压片料，通过副磨机和主磨机二次研磨得到细粉。

（3）取步骤（2）得到的细粉，通过旋风分离器分离，过筛，检测，即得到防腐散热粉末涂料。

原料介绍　所述的基体树脂为聚酯树脂、丙烯酸树脂、氟碳树脂、聚氨酯树脂、环氧树脂或聚酯改性环氧树脂中的一种或其混合物。

所述的添加剂为纹理剂、脱气剂等。所述的纹理剂可以是砂纹剂或皱纹剂，可以选用聚丙烯酸酯、聚四氟乙烯、改性乙丁纤维素、复合聚丙烯酸酯低聚物、改性氟化蜡或含硅酯化物等。

所述的固化剂为封闭型异氰酸酯、异氰脲酸三缩水甘油酯、聚氨酯树脂或聚酯树脂固化剂。

　　所述的颜填料可以为偶合红、硫靛、蒽醌或偶氮等有机颜填料，或者为二氧化钛、氧化铁、氧化镁等无机颜填料等。

　　所述的环保型防腐散热粉末涂料，采用比表面积大、热导率大的散热材料，如：纳米碳管比表面积可达 $500 \sim 700 \text{m}^2/\text{g}$，热导率可达 $4000\text{W}/（\text{m}\cdot\text{K}）$；氮化硼比表面积为 $17\text{m}^2/\text{g}$，热导率可达 $300\text{W}/（\text{m}\cdot\text{K}）$。

　　产品应用　本品是一种环保型防腐散热粉末涂料，可以用常规的喷涂机喷涂，制备得到具有防腐散热性能好的 LED 灯、电脑器件、汽车和摩托车发动机等产品。

　　产品特性

　　（1）本品各原料组成及原料之间的配比科学合理，不含任何的挥发溶剂及有害重金属，且固态粉末涂料储存和运输安全，是一种环保型粉末涂料。

　　（2）本品工艺合理，可操作性强，生产效率高，可很好地解决散热材料的分散问题，所得产品质量较稳定。

配方15　耐高温可剥性防腐涂料

　　原料配比

原料		配比（质量份）
成膜剂	乙烯基树脂	90 ~ 95
	苯乙烯 – 丁二烯 – 苯乙烯嵌段共聚物 ［线型 YH – 792（S/B = 40/60）］	5 ~ 10
助剂	邻苯二甲酸二丁酯（DBP）	60 ~ 65
	活性纳米级碳酸钙	13 ~ 17
	十八胺	5 ~ 8
	羊毛脂	5 ~ 8
	双酚 A	2 ~ 5
	亚磷酸三乙酯	0.5 ~ 1.5
	二月桂酸二丁基锡	0.5 ~ 1.5
溶剂	环己酮	50 ~ 60
	四氢呋喃	40 ~ 50
涂料	成膜剂	15
	助剂	8
	溶剂	77

　　制备方法

　　（1）按照原料配比，将乙烯基树脂、双酚 A、亚磷酸三乙酯混合均匀后加入到环己酮中。

　　（2）按原料配比，将苯乙烯 – 丁二烯 – 苯乙烯嵌段共聚物（SBS）、活性纳米级碳酸钙、十八胺、羊毛脂混合均匀后加入到四氢呋喃中。

　　（3）将步骤（1）和步骤（2）中所得的溶液混合并搅拌，按原料配比加入DBP、二月桂酸二丁基锡等助剂，常温搅拌 30min 后即得产品。

　　产品应用　本品主要应用在金属材料的涂覆上，防止金属材料的腐蚀。

　　产品特性　本品涂料易于施涂，启封方便，固化后的涂料膜层剥离后，金属表面无污染，且剥落的涂料膜层经处理后可重复使用。

配方 16　水性防腐涂料

原料配比

原料	配比（质量份）						
	1#	2#	3#	4#	5#	6#	7#
水性氟树脂	20	—	—	—	—	—	—
水性醇酸树脂	—	20	—	—	—	25	—
水性有机硅树脂	—	—	25	—	—	—	—
水性环氧树脂	—	—	—	25	—	—	25
水性聚氨酯	—	—	—	—	25	—	—
去离子水	5	8	15	15	15	15	15
乙二醇甲醚	10	—	—	—	—	—	—
乙二醇丁醚	—	15	—	—	—	15	—
乙二醇乙醚	—	—	15	—	—	—	—
丙二醇	—	—	—	15	—	—	15
异丙醇	—	—	—	—	15	—	—
锌铝粉	60	70	50	50	50	50	50
偶联剂（有机硅烷174）	3	—	—	—	3	3	—
磷酸锌	—	—	—	—	—	2	—
钛酸四丁酯	—	3	3	3	—	—	3
纳米氧化铝	—	2	2	2	—	—	—
纳米二氧化钛（锐钛矿相）	—	—	—	—	2	—	—
二氧化硅	—	—	—	—	—	2	2
硼酸	—	—	2	2	—	—	—
锡粉	2	—	—	—	—	—	2
超细钛粉	2	2	—	—	—	—	—
镍粉	—	—	—	—	2	—	—

制备方法

（1）按原料配比将助剂和少量去离子水加入到成膜树脂中，用分散机充分搅拌分散均匀。

（2）按原料配比将金属粉和添加物在搅拌条件下同时加入分散剂中，用分散机充分搅拌分散均匀。

（3）将步骤（1）和步骤（2）混合物在搅拌条件下缓慢混合，持续搅拌30min得成品涂料。

原料介绍　所述的成膜树脂包括水性氟树脂、水性醇酸树脂、水性有机硅树脂、水性环氧树脂、水性聚氨酯。

所述的助剂包括钛酸四丁酯、硅酸四乙酯、硅烷偶联剂等。

所述的添加剂包括锡粉、超细钛粉、镍粉、硼酸、纳米二氧化钛、二氧化硅、纳米氧化铝、氧化锌、磷酸锌等。

所述的分散剂包括醇类和醚类，如异丙醇、叔丁醇、乙二醇及其醚或丙二醇及其醚。

所述的金属粉为锌铝粉。

产品应用　本品用于碳钢基体的腐蚀防护。

产品特性

（1）本配方中使用的成膜物都是水溶性的，不含挥发性的二甲苯等有害物，也不含铬元素。本品涂料可以单组分存在，具有良好的稳定性。

（2）本配方所选用的添加剂，能有效地降低涂层固化导致的微裂纹，增强涂层的耐蚀性能。

（3）本配方涂料的配制可在室温下进行，不需要温度条件的控制，降低了施工成本。

二、 重防腐涂料

配方 1　常温固化耐磨重防腐涂料

原料配比

原料	配比（质量份）												
	1#	2#	3#	4#	5#	6#	7#	8#	9#	10#	11#	12#	13#
聚氨酯	100	100	100	100	100	100	100	100	100	100	100	100	100
聚四氟乙烯	65	30	44	33	22	51	56	38	60	25	47	30	60
MCA	20	13	25	19	12	23	10	15	21	11	26	16	23
氧化铝	10	—	—	—	—	15	—	—	—	—	—	—	—
氧化铅	—	25	—	—	—	—	—	—	—	—	—	16	—
四氧化三铁	—	—	6	—	—	—	—	—	—	16	—	—	—
三氧化二锑	—	—	—	20	—	—	—	—	—	—	5	—	—
氧化铜	—	—	—	—	—	18	—	13	—	—	—	—	—
氧化镉	—	—	—	—	—	9	—	—	7	—	—	—	24
有机混合溶剂	900	600	370	700	500	500	600	1000	1000	800	700	800	700

有机混合溶剂

原料	配比（体积份）												
	1#	2#	3#	4#	5#	6#	7#	8#	9#	10#	11#	12#	13#
丙酮	50	25	30	37	44	29	48	35	23	55	48	26	33
环己酮	30	27	9	11	18	24	7	15	15	20	12	30	22
二甲苯	20	48	61	52	38	47	45	50	62	25	40	44	45

制备方法　先将经辐照处理的聚四氟乙烯、MCA、金属氧化物进行研磨混合，然后将聚氨酯溶解于有机溶剂中，研磨好的固体料加入已溶解的黏结剂溶液中，充分搅拌均匀，即成为本涂料。

原料介绍　本涂料由黏结剂、耐磨填料、防腐剂以及有机混合溶剂组成。黏结剂选用聚氨酯。耐磨填料及防腐剂选用聚四氟乙烯、MCA、金属氧化物。酮、芳香烃等有机溶剂相混合组成混合溶剂。

聚氨酯能使涂层具有优异的黏结力，以及较高的机械强度。它的分子中含有异氰酸和长脂肪链，异氰酸值 5%～7%，固体含量 50%，分子量 2000。

聚四氟乙烯具有很低的摩擦系数，高的化学稳定性，较宽的使用温度范围和完全不燃性，它的分子间引力和与之相关的表面自由能很低。其需经 ^{60}Co 2×10^3～3.5×10^7 rad（1rad＝10^{-2}Gy）辐照处理，这样能使凝聚力降低，更有利于分散。聚四氟乙烯粒度在 2μm 以下。

MCA 的加入使涂层的耐磨能力得到保证，而且能改善聚四氟乙烯的抗负荷能力。MCA是一种有油腻感的白色固体粉末，为面型结构，分子量255.2，相对密度1.52，粒度0.5~5μm，热分解温度440~459℃。

金属氧化物的加入能提高涂层的硬度和耐磨性，可以选用氧化铝、氧化铅、四氧化三铁、三氧化二锑、氧化铜、氧化镉等，粒度0.5~8μm。

酮、芳香烃混合溶剂能很好地溶解聚氨酯，也能分散辐照后的聚四氟乙烯等填料，并便于施工，适用的酮为丙酮、丁酮、环己酮，芳香烃为苯、甲苯、二甲苯。最好选用丙酮、环己酮、二甲苯的混合液为涂料的分散用有机混合溶剂。具体组成为（体积分数）：丙酮23%~55%，环己酮7%~30%，二甲苯余量。

产品应用 本品可在-30~200℃下使用。本涂料在金属材料表面涂覆时，需对金属材料去锈去油，并用砂纸打磨或对表面进行喷砂磷化处理；对于非金属材料，涂覆前需对材料进行表面粗糙化处理。

涂覆方法：

（1）喷涂：在0.15~0.25MPa气压下，使喷枪口距离物件150~200mm，将涂料喷施于物件表面。

（2）浸涂：将物件直接浸于涂料中，反复数次，至满意程度为止。

（3）刷涂：用漆刷将涂料刷于物件表面。

涂层厚度控制在20~150μm即可得到满意效果。

产品特性 本品耐磨、重防腐、机械强度高。

配方2 长效防腐涂料

原料配比

A组分

原料	配比（质量份）			
	1#	2#	3#	4#
双酚A环氧树脂E-44	560	236.5	—	—
双酚A环氧树脂E-20	—	165	—	420
双酚A环氧树脂E-51	—	—	504	—
聚环氧氯丙烷环氧树脂	140	148.5	126	180
正丁基缩水甘油醚	100	—	30	95
烯丙基缩水甘油醚	—	50		
苯甲醇		45		
消泡剂EFKA2720	2.5	2.5	2.5	2.5
抗氧剂JH-1010	2	1.5	—	—
抗氧剂900B	—	—	3	2
甲苯	9	7	8	9
稳定剂Tinuvin292	6.5	6	6.5	—
稳定剂UV-326	—	—	—	6.5
分散剂EFKA5065	—	6	—	—
炭黑	20	12	—	—
高岭土	80	100	94	50

续表

原料	配比（质量份）			
	1#	2#	3#	4#
重晶石	50	50	50	—
滑石粉	30	—	—	30
氧化铁红	—	—	150	200
碳酸钙	—	50	20	5
二氧化钛	—	120	—	—

B 组分

原料	配比（质量份）	
	1#	2#
低分子聚酰胺（胺值400）	80	120
环氧丙基烷基醚胺	70	52
三（二甲氨基甲基）苯酚	10	8
苯甲醇	40	20

制备方法 A 组分的制备：取双酚 A 环氧树脂、聚环氧氯丙烷环氧树脂、活性稀释剂，加热至 40~60℃ 并低速搅拌；将分散剂、消泡剂、抗氧剂、稳定剂加入，搅拌均匀；将固体填料和颜料依次加入容器中充分润湿；然后用高速搅拌机进行分散，开始低速搅拌，待各相均匀后，进行高速分散；冷却至室温后用三辊研磨机研磨两遍，用刮板细度计检测达到 20~50μm（根据具体要求而定），装桶，即为成品。

B 组分的制备：将环氧丙基烷基醚胺、低分子聚酰胺、三（二甲氨基甲基）苯酚、苯甲醇投入容器中；升温至 30~40℃，搅拌使其充分混合均匀，降至室温，装桶即为成品。

A 组分：B 组分 = 5：（1.0~1.5）（质量比）。

配方中聚环氧氯丙烷环氧树脂无溶剂法的合成方法为：

（1）开环聚合反应 取 1.0mol 的二元醇，具体是乙二醇、丙二醇、丁二醇、二乙二醇、二丙二醇、己二醇中的一种，同时加入 0.5%~5%（质量分数）的催化剂。催化剂为六氟化磷三乙基氧盐、四氯化锡、三氯化硼乙醚络合物、三氟化硼四氢呋喃络合物。然后滴加 nmol 的环氧氯丙烷，$n = 10~25$。控制温度在 50~80℃ 通 N_2，搅拌，保温 4~8h，测环氧值 =0。

（2）闭环反应 将 2.1~2.5mol 的 NaOH，配成 30%~40% 浓度的溶液，滴加到上述反应中，在 80~90℃ 保温 4~6h。

（3）洗涤 用 98~100℃ 去离子水洗涤至中性，并测定无机氯的含量在 0.05% 时停止洗涤。

（4）脱水提纯 常压蒸馏脱掉水分，然后在 10~15mmHg（1mmHg = 133.322Pa）真空下继续脱水，测定水含量 ≤0.5% 时结束，测定环氧值、羟基值和黏度，即得到聚环氧氯丙烷环氧树脂。

环氧丙基烷基醚胺的合成：取 1.05~1.2mol 的多元胺，具体是二乙烯基丙胺、二乙烯三胺、三乙烯四胺中的一种，升温至 40~60℃。然后滴加 1.0mol 的环氧丙基烷基醚，具体是正丁基缩水甘油醚、烯丙基缩水甘油醚、苯乙烯氧化物、苯基缩水甘油醚。60~80℃保温4~8h即得。

原料介绍 本品采用聚环氧氯丙烷环氧树脂和双酚A环氧树脂组成的环氧合金为主要成膜物。

双酚A环氧树脂选择市售商品，选择条件：分子量380~1000，环氧值为0.51~0.2。

活性稀释剂为正丁基缩水甘油醚、烯丙基缩水甘油醚、苯甲醇。

填料选择二氧化钛、高岭土、滑石粉、碳酸钙、重晶石。

颜料为炭黑、氧化铁红。

产品应用 本品适用于舰船、潜艇，还可以广泛地用于海上平台、跨海大桥、海港码头的金属结构物，也可用于地面桥梁，铁路车辆，集装箱，输油、输气、输水管道的内外壁，特别是可以应用在加有阴极保护或者能自然形成电化学腐蚀的地方。本品使用有效期限可达10年以上。

产品特性 交联固化后的漆膜，形成了互穿网络的交联状态，使其成为不溶不熔的物质，表现出很强的附着性、耐化学品性和抗冲击性，无毒无害，并具有阻燃性。

配方 3　潮气固化型防腐涂料

原料配比

A 组分

原料	配比（质量份）
环氧树脂 E-51	100
聚硫橡胶（分子量1000）	20~25
硅微粉或石英粉（300~400目）	150
气相白炭黑	10
水泥（450#以上）	5~10
颜料	适量
偶联剂 KH-550	2
丙酮	10~15

B 组分

原料	配比（质量份）
MA 固化剂	15~17
促进剂 DMP-30	5

制备方法 在室温条件下，A组分配制按原料配比中的8种原料顺序依次准确称量，并置入容器内［可用镀锌铁桶或聚乙烯（PE）、聚丙烯（PP）塑料桶］，每加完一种原料后，均匀搅拌数分钟。加完原料后，经充分搅拌均匀，静置4~8h，排出气泡，加盖密封，置于干燥阴凉处储存备用。

同样，在室温条件下，B组分的两种原料依次准确称重，混合均匀置入棕色玻璃瓶或深色聚乙烯（PE）塑料瓶中，加盖密封，置于干燥阴凉处储存备用。配制的双组分水固化涂料储存期暂定三个月。

产品应用　当需要对埋地钢质管道接口焊接接缝部位进行防腐涂装野外施工时，先将管道接口焊缝部位进行清理，使其达到平整，无锈蚀、油污、杂质异物，允许表面潮湿，然后在室温条件下，选用合适的容器配制潮气固化型防腐涂料，按 A 组分：B 组分 = 100：(7~8) 的比例分别称重，混合搅拌均匀，并视施工环境气温适当补加丙酮，以控制潮气固化型防腐涂料黏度为 60~90s（涂 -4 黏度计，25℃），以方便涂刷。注意现场施工用多少配制多少，配制好的涂料应在 0.5~1h 内用完。在涂刷施工时，应确保管道接缝部位表面涂层均匀、平整、光滑、无流痕、无滴流，涂层厚度控制在 0.3~0.5mm，经过 15min~1h，涂层表干后，埋地钢管即可先用细土回填，或敞开露置固约 8~12h 实干后，在涂层的理化性能、抗电性能经检验达到指标后，再回填土方进行夯实，管道即可投入正常运行。

上述管道接缝部位防腐施工时，如遇地下水上溢和雨水等恶劣外部条件，不会影响涂层的正常固化，其涂层同样能达到要求。

产品特性　本潮气固化型防腐涂料的应用和推广，既可降低材料成本，又可节省施工费用，缩短施工周期。此外，潮气固化型防腐涂料的使用，不受施工环境的影响，可用于埋地管道的应急防腐堵漏。

配方 4　超薄型钢结构的防火防腐涂料

原料配比

原料		配比（质量份）
A 组分	液体环氧树脂 OER-95	85
	丙二醇甲醚	15
B 组分	聚磷酸铵	24
	三聚氰胺	13
	季戊四醇	9
	水性胺固化剂 751	13
	去离子水	8
	纳米 TiO_2 浆	10
	丙二醇甲醚	3
	氯化石蜡 42#	3
	可膨胀石墨	4
	复合铁钛粉	6
	分散剂	0.4
	润湿剂	0.3
	消泡剂	0.3

制备方法

(1) 将液体环氧树脂 OER-95 用丙二醇甲醚稀释均匀，制备成 A 组分。

(2) 纳米 TiO_2 浆的制备：在去离子水中加入硅烷偶联剂和纳米 TiO_2，超声波振荡分散 2.5h，调 pH 值为 6.5，制备成纳米 TiO_2 浆。

(3) 按配方称量，在去离子水搅拌过程中分别加入分散剂、润湿剂、消泡剂、丙二醇甲醚、水性胺固化剂，搅拌混合均匀，再依次加入聚磷酸铵、三聚氰胺、季戊四醇、氯化石蜡42#、纳米TiO₂浆、可膨胀石墨及复合铁钛粉，高速分散30min，经三辊机研磨至细度<60μm，成B组分。

产品应用　本品可广泛应用于室内及室外钢结构防护，也适用于石化工业中有烃类火灾危险的设施防护。

产品特性　本品耐火性、耐湿热性、耐曝热性、耐盐雾性、耐酸碱性、耐水性及黏结强度等各项指标都达到或优于《钢结构防火涂料》的国家标准。

配方5　储油罐单盘外防腐专用梯度涂料

原料配比

原料		配比（质量份）		
		1#	2#	3#
底漆	硅酸乙酯缩合物	6	10	6.25
	冰醋酸	0.5	1	0.63
	盐酸	0.5	1	0.53
	乙酸镍	0.1	0.5	0.11
	丙酮	1.5	5	1.88
	乙醇	12	25	14.34
	聚乙烯醇缩丁醛	1	2	1.25
	锌粉	余量	余量	余量
面漆	硅酸乙酯缩合物	6	10	8.33
	冰醋酸	0.5	1	0.83
	盐酸	0.5	1	0.71
	乙酸镍	0.1	0.5	0.14
	丙酮	1.5	5	2.50
	乙醇	12	25	19.12
	聚乙烯醇缩丁醛	1	2	1.66
	锌粉	余量	余量	余量

制备方法

（1）往玻璃或搪瓷反应釜中先加入硅酸乙酯缩合物、丙酮及乙醇，并搅拌均匀。

（2）加入冰醋酸，搅拌均匀。

（3）加入催化剂，搅拌均匀。

（4）一边滴加53%的盐酸水溶液，一边搅拌，并时时测量物料的pH值，调pH值到3.5。

（5）升温到70℃回流1.5h，降温到30℃出料。

（6）加入聚乙烯醇缩丁醛溶液。

（7）加入锌粉。

（8）密闭砂磨，测细度及黏度。

（9）将乙酸镍用配方量的乙醇完全溶解开，形成绿色溶液。

（10）用该溶液将漆浆调稀至40s。

本品的催化剂的制备方法为：

（1）加入乙酸镍；

（2）加入工业去离子水；

（3）搅拌溶解；

（4）滴加盐酸，直到溶液透明即可按比例加入到底漆和面漆中。

所述的催化剂主要由乙酸镍、柠檬酸、水和盐酸组成。

产品应用 本品是一种储油罐中的压盘上使用的防腐涂料。

产品特性 本品解决了储油罐单盘防腐层的龟裂和脱落问题。本品的底漆与基底钢板之间是通过金属键结合的，附着力极好，底漆与面漆之间是通过锌的配位反应结合的，融合成一体，所以形成了金属含量自下而上的梯度变化。这样就逐级减小了热胀冷缩的差异，所形成的防腐涂层就不会再发生龟裂和脱落现象。

配方6　单组分氯磺化聚乙烯防腐涂料

原料配比

原料		配比（质量份）	
		1#	2#
氯磺化聚乙烯树脂液	CSM-30 氯磺化聚乙烯树脂	30.0	30.0
	甲苯	70.0	70.0
30%氯磺化聚乙烯树脂液		60.0	55.0
钛白粉		13.0	—
氧化铁红		—	12.0
填料		8.0	15.0
环氧树脂液		8.0	9.0
有机膨润土		1.0	1.0
正丁醇		2.0	2.0
1% D201 硅油		0.1	0.1
二甲苯		8.0	6.0

制备方法

（1）将30%氯磺化聚乙烯树脂液加入到拌料釜中，搅拌下加入环氧树脂液、钛白粉或氧化铁红、填料、有机膨润土，高速预分散至无结块。

（2）将步骤（1）得到的预分散过的色浆经分散设备分散至面漆细度≤35μm，底漆细度≤50μm，再加入硅油和正丁醇。用二甲苯调节黏度，使底漆≥80s，面漆≥60s。

（3）过滤，包装。

产品应用 本品主要应用于金属和水泥构件上的保护涂装。

产品特性

（1）本品将氯磺化聚乙烯树脂直接溶解，避免了氯磺化聚乙烯树脂塑炼过程，减少了氯磺化聚乙烯涂料的生产制备工序，省略了潜在固化剂——硫化剂促进剂的生产工序，生产方便简单，能耗少，减少了生产设备，提高了生产效率，从而降低了成本，增加了产品的利润空间。

（2）本品的生产工艺避免了氯磺化聚乙烯树脂在塑炼过程中低分子量的有害物

质的直接释放，避免了对生产人员人身的伤害和对大气的污染，更有利于环保。

（3）本品以单组分的包装形式包装、生产和使用，简单方便。

（4）采用本品工艺制备的单组分氯磺化聚乙烯涂料，因为组成中不含有毒有害的重金属化合物，不仅提高了产品性能，而且使用更安全、更环保，符合目前涂料发展的整体趋势。

（5）本品组成中不含硫化剂促进剂，避免了硫化剂促进剂对单组分氯磺化聚乙烯涂料的储存稳定性的影响，使储存期更长；组成中不含重金属铅等有毒有害物质，使本品生产和使用更安全环保。

配方 7　单组分防腐涂料

原料配比

原料	配比（质量份）		
	1#	2#	3#
聚苯乙烯树脂	250	290	175
丁苯橡胶	8	9.8	6.3
二甲苯溶剂①	1000	1200	1700
环氧树脂	60	80	42
石油树脂	40	70	32
邻苯二甲酸二辛酯	21.8	30.4	15.2
邻苯二甲酸二丁酯	25	28	14
铁红颜料	50	—	175
钛白粉颜料	—	250	—
硫酸钡填料	46	145	75
二甲苯溶剂②	50	80	45

制备方法

（1）将聚苯乙烯树脂和丁苯橡胶在炼胶机上进行加热改性，加热温度 35～38℃，时间 1h；

（2）将混炼好的混合物加入盛有二甲苯溶剂①的反应釜内，搅拌溶解至透明；

（3）加入环氧树脂和石油树脂搅拌、混溶；

（4）加邻苯二甲酸二辛酯助剂、邻苯二甲酸二丁酯、颜料、填料，进行搅拌；

（5）加二甲苯溶剂②搅拌、混溶，调整黏度；

（6）研磨、过滤即可制得。

产品应用　本品可广泛用于石油开采、炼油、化工、化肥、化纤、橡胶、印染、制酸、制碱、机械、建筑、制药、食品、电镀、冶金等行业中，主要用于长期受酸、碱、盐和氧化性或还原性介质以及各种化学药品严重腐蚀的设备、管道及建筑物的内外壁。

产品特性

（1）本品具有优良的耐酸、耐碱、耐油、耐老化、防水、防静电等综合功能。本品涂料漆膜丰富、附着力强、韧性好、色泽鲜艳，兼具耐腐蚀和装饰性能，适用范围广。

（2）本品涂料施工方便，性能稳定，储存期长。

配方 8   弹性防腐涂料

原料配比

1#

组分	配比（质量份）
羟基封端聚二甲基硅氧烷	30
气相 SiO_2	1
甲基三乙氧基硅烷	3
有机钛络合物	0.1
γ - 氨基丙基三乙氧基硅烷	0.2
分散剂	0.3
消泡剂	0.4
二甲基硅油	6
乙酸丁酯	4

2#

组分	配比（质量份）
甲氧基封端聚二甲基硅氧烷	70
沉淀 SiO_2	15
氧化锌	25
氧化铝	30
钛白	8
炭黑	1
酞菁蓝	1
甲基三丙酮肟基硅氧烷	10
有机钛络合物	0.5
二氯甲基三乙氧基硅烷	0.5
流平剂	2
增稠剂	3
分散剂	3
消泡剂	1
二甲基硅油	50
溶剂汽油	30

3#

组分	配比（质量份）
羟基封端聚二甲基硅烷	50
气相 SiO_2	12
硫酸钡	15
氧化锌	5
钛白	10
铁红	3
甲基三 - （N - 甲基乙酰氨基）硅烷	8

续表

组分	配比（质量份）
有机铝络合物	0.5
γ-氨基丙基三乙氧基硅烷	1
二甲基硅油	40
二甲苯	10

4#

组分	配比（质量份）
乙烯基封端聚二甲基硅氧烷	60
沉淀 SiO_2	30
滑石粉	15
硅微粉	15
钛白	8
氧化铈	3
氧化铬绿	3
聚甲基三甲氧基硅烷	4
辛酸亚锡	0.5
N-β-氨乙基-γ-氨丙基三乙氧基硅烷	1
分散剂	3
消泡剂	0.6
二甲基硅油	30
乙酸丁酯	10

5#

组分	配比（质量份）
甲氧基封端聚二甲基硅氧烷	30
羟基封端聚二苯基硅氧烷	10
气相 SiO_2	3
甲基三乙氧基硅烷	5
辛酸亚锡	0.01
二氯甲基三乙氧基硅烷	0.3

6#

组分	配比（质量份）
甲氧基封端聚二甲基硅氧烷	50
聚甲基三氟丙基硅氧烷	20
气相 SiO_2	20
甲基三丙酮肟基硅烷	5
聚甲基三乙氧基硅烷	3
二月桂酸二丁基锡	0.5
γ-氨基丙基三乙氧基硅烷	1

制备方法

(1) 先将聚有机硅氧烷、填料、颜料预混，研磨后将混料转到真空捏合机中。

(2) 升温到 50 ~ 200℃，真空捏合 3 ~ 120min。

(3) 加入交联剂、助剂和稀释剂后，再捏合 5 ~ 60min 即可得到所需的防腐弹性涂料。

原料介绍 所述的聚有机硅氧烷选自至少一端为羟基、烷氧基或乙烯基封端的聚二甲基硅氧烷、聚甲基苯基硅氧烷、聚二苯基硅氧烷、聚甲基三氟丙基硅氧烷中的一种或几种。

所述的颜填料为白炭黑、纳米碳酸钙、二氧化钛、滑石粉、硅微粉、硫酸钡、有机氟微粉、氧化锌、氧化铝、氧化铁、氧化铈、钛白、铁红、铁黑、炭黑、氧化铬绿或酞菁蓝。

所述的交联剂选自甲基三乙酰氧基硅烷、甲基三丙酮肟基硅烷、甲基三丁酮肟基硅烷、乙烯基三丁酮肟基硅烷、甲基三甲氧基硅烷、甲基三乙氧基硅烷、聚甲基三甲氧基硅烷、乙烯基三甲氧基硅烷、乙烯基三乙氧基硅烷、甲基三 - （N - 甲基乙酰氨基）硅烷、二甲基二 - （N - 甲基乙酰氨基）硅烷、甲基乙烯基二 - （N - 甲基乙酰氨基）硅烷、甲基三环己氨基硅烷中的一种或几种。

所述的助剂为催化剂、促进剂、分散剂、流平剂、消泡剂和增稠剂中的一种或几种。

所述的催化剂为有机锡、钛酸酯和有机钛螯合物或有机铝络合物。

所述的促进剂为 γ - 氨基丙基三乙氧基硅烷、二氯甲基三乙氧基硅烷、苯胺甲基三甲氧基硅烷、苯胺甲基三乙氧基硅烷、二乙氨基甲基三乙氧基硅烷、γ - 脲基丙基三甲氧基硅烷、γ - 异氰酸酯基丙基三乙氧基硅烷或 N - β - 氨乙基 - γ - 氨丙基三乙氧基硅烷。

所述的分散剂为德国 BYK Chemie 公司的 BYK - 110、BYK - P104、Disperbyk - 130，或荷兰 EFKA 公司的 Efka - 766、Efka Polmer452。

所述的流平剂为德国 BYK Chemie 公司的 BYK - 354、BYK - 300，或荷兰 EFKA 公司的 Efka - 30、Efka - 772。

所述的消泡剂为德国 BYK Chemie 公司的 BYK - 065、BYK - 052，荷兰 EFKA 公司的 Efka - 20，或德国 Tego 公司的 Airex970。

所述的增稠剂为聚醚、氰乙基三甲氧基硅烷、含硅基聚乙二醇、聚醚硅烷类，或德国 Henkel 公司的 DEHYSOL® R、RILANIT® 45。

所述的稀释剂选自非反应性二甲基硅油、二甲苯、甲苯、丙酮、乙醚、石油醚、溶剂汽油、甘油、芳香醇、乙酸乙酯中的一种或几种。

产品应用 本品主要应用于桥梁、储罐、各种钢结构件的防腐，以及地面、排水槽等的防腐、防漏。

产品特性 本品具有优良的耐候性、耐水性、耐酸性、耐溶剂性、耐油性和较好的耐碱性。漆膜对玻璃、陶瓷、钢结构件、混凝土及各类树脂底漆等均具有优秀的附着力，漆膜弹性、憎水性优良，拉伸强度、断裂伸长率较高。

配方9 带锈防腐涂料（一）

原料配比

1#

原料	配比（质量份）
A组分	
甲苯二异氰酸酯	45
脱水蓖麻油	55
B组分	
苯乙烯	70
过氧化苯甲酰	1.9
对苯二酚	0.1
612-2环氧丙烯酸树脂	18
624环氧树脂	10
色浆	
脱水蓖麻油	43
氧化铁红	25
锌铬黄	12
磷酸锌	5
氧化锌	5
滑石粉	9
N,N-二甲基苯胺	0.9
二丁基二月桂酸锡	0.1
涂料	
A组分	1
B组分	1
色浆	0.8

制备方法 A组分的制备：把甲苯二异氰酸酯加入到反应釜中，在不断搅拌下加入脱水蓖麻油，控制温度不超过80℃，反应2~4h后得到。

B组分的制备：把苯乙烯加入反应釜中，再加入过氧化苯甲酰、对苯二酚、612-2环氧丙烯酸树脂、624环氧树脂，搅拌溶解完全即得。

色浆的制备：把脱水蓖麻油、氧化铁红、锌铬黄、磷酸锌、氧化锌、滑石粉、N,N-二甲基苯胺、二丁基二月桂酸锡混合搅拌均匀，研磨至细度合格即成色浆。

涂料的制备：把上述A组分、B组分、色浆按原料配比混合搅拌均匀即为互穿网络聚合物带锈防腐涂料。

2#

原料	配比（质量份）
A组分	
甲苯二异氰酸酯	54.5
脱水蓖麻油	45

原料	配比（质量份）
B 组分	
苯乙烯	70
过氧化环己酮	1.8
对叔丁基邻苯二酚	0.2
612-2 环氧丙烯酸树脂	15
601 环氧树脂	13
色浆	
脱水蓖麻油	38
氧化铁红	26
锌铬黄	12
磷酸锌	5
氧化锌	6
滑石粉	12
环烷酸钴	0.8
二甲基乙醇胺	0.2
涂料	
A 组分	1
B 组分	1.2
色浆	0.8

制备方法 生产工艺同 1#。

在 1#中，可用对叔丁基邻苯二酚替代对苯二酚，用二甲基乙醇胺替代二丁基二月桂酸锡。在 2#中，可用对苯二酚替代对叔丁基邻苯二酚，用二丁基二月桂酸锡替代二甲基乙醇胺。

原料介绍 聚合物带锈防腐涂料包括由脱水蓖麻油与甲苯二异氰酸酯反应生成的预聚物组成的 A 组分，由环氧丙烯酸树脂、环氧树脂、苯乙烯、引发剂、阻聚剂组成的 B 组分和含促进剂、催化剂的蓖麻油颜料色浆三种组分。将上述三组分按如下质量配比混合搅拌均匀即为互穿网络聚合物带锈防腐涂料：A 组分：B 组分：色浆 =1：(0.7~3)：(0.5~2)。

本品制备中，引发剂为过氧化苯甲酰或过氧化环己酮，阻聚剂为对苯二酚或对叔丁基邻苯二酚，促进剂为 N,N-二甲基苯胺或环烷酸钴，催化剂为二丁基二月桂酸锡或二甲基乙醇胺。

产品应用 本品用作金属防腐涂料。

产品特性

(1) 组成涂料的全部成分都可成膜，挥发性有机物（VOC）少，涂膜厚，毒性小，是利于施工、利于环保的"绿色涂料"。

(2) 本品涂膜光泽可达 90% 以上，有极好的装饰性，不仅可作带锈防腐底漆，而且可作装饰防腐面漆。

配方 10　带锈防腐涂料（二）

原料配比

原料	配比（质量份）
A 组分	
氯磺化聚乙烯	16
氯化橡胶	11
环氧树脂	6
甲苯	31
二甲苯	21
滑石粉	4
磷酸	5
颜料	6
B 组分	
乙醇	47
环己酮	6
丁醇	30
氧化镁	6
磷酸锌	8
促进剂 D	3

制备方法　A 组分的制备：将各组分混合、搅拌、研磨即可。

B 组分的制备：将各组分按原料配比配好，经混合、搅拌、研磨而成。

产品应用　本品用于金属表面、混凝土和木质等表面的防腐，不但适用于气相腐蚀的防护，而且也适用于液相腐蚀的防护。使用时，A 组分∶B 组分 = 10∶3，混合即可。

产品特性　本品除了有一般氯磺化聚乙烯防腐涂料的功能外，还有卓越的综合防腐性能——耐强酸、耐强碱、耐无机盐、耐水、耐油、耐燃、耐热、耐寒、耐老化、耐候、耐臭氧和抗离子辐射等。此外，还有通用性广、附着力强、柔韧性好、抗冲击、干燥快、施工简便、成本低廉、综合防腐费用省 30% 等优点。

配方 11　导电高分子无溶剂低黏度防腐涂料

原料配比

混合固化剂

原料	配比（质量份）								
	1#	2#	3#	4#	5#	6#	7#	8#	9#
聚吡咯纳米粉末	1	—	—	—	5	2	0.8	3	2
聚苯胺纳米粉末	—	4	5	3	—	—	—	—	—
DDDM	40	40	30	30	30	30	30	20	25

防腐涂料

原料	配比（质量份）										
	1#	2#	3#	4#	5#	6#	7#	8#	9#	10#	11#
环氧树脂	10	12	15	12	15	10	15	10	65	50	55
活性稀释剂亚丙基碳酸酯	4	4	3	5	3	2	4	4	25	15	20
甲基硅油	0.1	0.1	0.1	0.1	0.1	0.1	0.1	0.1	—	—	—
二甲基硅油	—	—	—	—	—	—	—	—	0.3	0.4	0.6
邻苯二甲酸二丁酯	2	2	—	—	—	—	—	2	15	12	10
磷酸三甲苯酯	—	—	2.5	—	2.1	2	2.5	—	—	—	—
磷酸三苯酯	—	—	—	2	—	—	—	—	—	—	—
混合固化剂	4	4.5	5	4	5	5	8	5	20.4	23	27
间甲酚	0.4	—	—	0.3	—	—	—	—	—	—	—
苯酚	—	0.5	0.25	—	0.6	0.5	0.5	0.5	4	2	3

制备方法

(1) 取导电高分子纳米粉末，在机械搅拌下加入到固化剂中，加热到 50～80℃，快速搅拌 2～5h，降至室温，得到混合良好的混合固化剂。其中，导电高分子的质量分数为 0.5%～40%。

(2) 称取环氧树脂，向其中加入活性稀释剂、消泡剂、增塑剂，机械搅拌 2～5h，混合均匀，再加入固化促进剂、步骤(1)中制备的混合固化剂，快速机械搅拌 1～2h，静置 0.5～1h，即得到新型导电高分子无溶剂低黏度防腐涂料。

原料介绍　　所述的固化剂为液态芳香族多元胺。

所述的导电高分子纳米粉末为聚吡咯纳米粉末或聚苯胺纳米粉末。

所述的环氧树脂为 E-44、E-51 或 E-56 液态环氧树脂。

所述的活性稀释剂为亚丙基碳酸酯。

所述的固化剂为 3,3'-二乙基-4,4'-二氨基二苯甲烷（DDDM）。

所述的固化促进剂为间甲酚或苯酚。

所述的消泡剂为甲基硅油或二甲基硅油。

所述的增塑剂为邻苯二甲酸二丁酯、邻苯二甲酸二辛酯、磷酸三苯酯或磷酸三甲苯酯。

所述的聚吡咯纳米粉末的制备方法为：

(1) 在室温下，称取阳离子表面活性剂十六烷基三甲基溴化铵（CTAB）3.4g 和正戊醇 1.6g 加入到 100mL 去离子水中，并磁力快速搅拌形成表面活性剂的胶束溶液；

(2) 称取 2.0g 吡咯加入步骤(1)表面活性剂胶束溶液中，形成增溶胶束溶液；

(3) 称取 8.0g $FeCl_3$ 溶于 20mL 去离子水中，并逐滴滴加到上述已形成的增溶胶束溶液中；

(4) 在室温下，对上述体系进行磁力搅拌 3h，吡咯的化学氧化聚合在胶束中完成；

(5) 向步骤(4)体系中加 5mL 丙酮破乳，高速离心分离出聚吡咯，再用去离子水洗，每次 50mL，离心分离，直到所洗去离子水澄清为止，最后用 30mL 乙醇洗并离心分离，80℃烘箱烘 24h，即得到聚吡咯纳米粉末。

根据以上方法将各原料按相应比例放大，即可制备任意质量的聚吡咯纳米粉末。

产品应用 本品主要应用于钢铁、镁等金属的防腐涂装。

使用方法：使用时，将本品的防腐涂料涂覆到处理后的钢板上，控制干膜厚度20~200μm，120~150℃固化3~8h或常温固化6~8d，得到一层均匀的黑色或蓝黑色漆膜。

产品特性 本品制备时不用添加任何有机溶剂和重金属，因而对环境没有任何污染，通过简单的设备即可制备，具备规模化生产的条件，容易推广使用。本品使用了新型稀释剂和液态环氧树脂，不使用任何溶剂就可以得到黏度低、流平性良好的涂料，可以使用喷涂、刷涂、滚涂等工艺进行涂装，使用简便。

配方 12 低表面处理湿固化重防腐涂料

原料配比

原料		配比（质量份）		
		1#	2#	3#
A组分	改性有机硅树脂消泡剂	0.6	0.5	0.4
	润湿分散剂	0.5	0.4	0.4
	E-44 环氧树脂	30	30	27
	E-20 树脂	20	21	22
	溶剂	15	12	18
	磷酸锌	15	—	—
	氧化铁红	24	—	—
	中铬黄	—	7	—
	沉淀硫酸钡	—	28	—
	三聚磷酸铝	—	—	15
	重质碳酸钙	—	—	20
	改性聚硅氧烷型流平剂	0.6	0.5	0.4
B组分	曼尼期碱类固化剂	8	—	7
	甲基乙基酮亚胺	2	—	3.5
	氨基聚酰胺固化剂	—	8	—
	丁酮亚胺	—	2	—
	溶剂	4	4	4

制备方法

（1）A组分的制备：按比例将润湿分散剂、消泡剂、防锈颜料和体制填料加入到适宜量的环氧树脂和有机溶剂中进行搅拌，充分混合后研磨成色浆；然后将色浆按比例加入到树脂和溶剂中，加入流平助剂后搅拌均匀。

（2）B组分的制备：按原料配比将主固化剂和潜伏固化剂溶解在有机溶剂中，搅拌均匀。

（3）使用时，将A、B两种组分按规定比例充分混合并搅拌，即得本品。

原料介绍

A组分中，所述的防锈颜料优选磷酸锌、氧化铁红、三聚磷酸铝、氧化锌、中铬黄等活性防锈颜料。

A组分中，所述的体制填料优选沉淀硫酸钡、轻质碳酸钙、重质碳酸钙、滑石粉等体制填料，更优选沉淀硫酸钡体制填料。

A组分中，所述的分散剂为常规的助剂，如含多元胺的嵌段共聚物溶液、含酸性基团的共聚体溶液、不饱和多元酸的多元酰胺溶液等。

B组分的主固化剂优选曼尼期碱类（酚醛胺）、多酰氨基胺类、氨基聚酰胺类。

B组分的潜伏固化剂优选酮亚胺类潜伏固化剂，如丁酮亚胺、甲基异丁基酮亚胺、甲基乙基酮亚胺等。

B组分的溶剂优选芳香烃类、酮类和醇类，更优选芳香烃类和醇类，最优选二甲苯和正丁醇。

产品应用　本品主要应用于含有少量铁锈及水的钢铁结构表面，以及混凝土结构表面。

产品特性　本品具有优异的防腐效果。

配方 13　低溶剂海洋纳米防腐涂料

原料配比

原料		配比（质量份）	
A 组分	有机蒙脱土/环氧树脂复合材料	40~50	3~5
	环氧树脂	37~42	
	消泡剂	1~2	
	稀释剂	8~12	
	流平剂	2~4	
B 组分	环氧树脂	20~25	3~5
	云母粉	8~10	
	滑石粉	12~16	
	锌粉	15~20	
	铁红	10~14	
	二氧化钛	5~7	
	流平剂	1~2	
	消泡剂	1~2	
	溶剂	8~10	
C 组分	改性环氧固化剂	60~70	1~2
	溶剂	30~40	

制备方法

（1）A组分的配制：在有机蒙脱土/环氧树脂复合材料中加入稀释剂，以降低环氧树脂的黏度，同时加入环氧树脂。另外，为了消除此过程中的气泡，保证涂料具有很好的流平性，加入消泡剂以及流平剂，搅拌均匀。

（2）B组分的配制：在环氧树脂中加入锌粉、云母粉、滑石粉、二氧化钛和铁红，同时加入消泡剂、流平剂以及溶剂，搅拌均匀即可。

（3）C组分的配制：在溶剂（醇类）中加入改性环氧固化剂，搅拌均匀即可。

　　将 A、B、C 三个组分按（3~5）:（3~5）:（1~2）配好,搅拌均匀即得低溶剂纳米防腐涂料。

　　原料介绍　所述的消泡剂为聚甲基三乙氧基硅烷。

　　所述的稀释剂为环氧树脂活性稀释剂,优选丁基缩水甘油醚。

　　所述的流平剂为烷基改性聚二甲基硅氧烷。

　　所述的溶剂为醇类溶剂,优选乙二醇。

　　C 组分中的改性环氧固化剂为胺类固化剂,例如:腰果油环氧树脂固化剂、ZY – 3115 聚酰胺固化剂或 ZY – 650 聚酰胺固化剂。

　　产品应用　本品主要用于建筑、输油管道、铁路桥梁、船舶及海洋工程等严酷的腐蚀环境中。

　　产品特性　本品将纳米杂化材料引入防腐涂料体系,解决了海洋防腐涂料中普遍存在的防腐周期短、抗海水渗透能力差这一问题。本品通过预反应制作出纳米杂化材料后将其引入涂料配方中,从而有效提高了防腐涂料抗腐蚀性介质的渗透能力,而且在涂料配制时降低了生产过程中有害溶剂的使用量,起到了环境保护的作用。

配方 14　低收缩气干性乙烯基酯重防腐涂料

　　原料配比

原料		配比（质量份）		
		1#	2#	3#
DCPD 顺酸酯	顺丁烯二酸酐	38.4	37.3	36.2
	水	4	6.8	9.6
	双环戊二烯	57.6	55.9	54.2
乙烯基酯树脂	DCPD 顺酸酯	23.5	21.6	19.7
	环氧树脂	39.6	36.4	33.2
	催化剂	0.3	0.3	0.2
	阻聚剂	0.1	0.1	0
	甲基丙烯酸	7.7	7.0	6.4
低收缩气干性乙烯基酯重防腐涂料 A 组分	苯乙烯	28.8	34.6	40.5
	乙烯基酯树脂	37.5	40.2	42.9
	钛白粉	4.7	5.1	5.4
	滑石粉	4.7	5.0	5.4
	云母粉	3.4	3.7	3.9
	玻璃鳞片	25	26.8	28.6
	气相二氧化硅	3.1	3.4	3.6
	流变助剂	1.6	1.7	1.8
	消泡剂	1.3	1.4	1.4
	苯乙烯	18.7	12.7	7.0
低收缩气干性乙烯基酯重防腐涂料 B 组分	引发剂	40	53.4	66.7
	增塑剂	40	31.1	22.2
	促进剂	20	15.5	11.1

　　制备方法

　　（1）将顺丁烯二酸酐、水和双环戊二烯加入到反应釜中,升温至 80~100℃,

保温反应 1h，继续升温至 120~140℃，保温反应至酸值达到适宜值，即可得到 DCPD 顺酸酯。

（2）在反应釜中加入 DCPD 顺酸酯、环氧树脂、催化剂和阻聚剂，搅拌溶解，升温至 80℃加入甲基丙烯酸和苯乙烯，升温至 110~120℃，保温反应至酸值达到合适值，即可得到乙烯基酯树脂。

（3）将乙烯基酯树脂、钛白粉、滑石粉、云母粉、气相二氧化硅和苯乙烯加入拉缸中高速搅拌，分散均匀，在锥形磨上研磨至细度 40μm 以下，加入流变助剂、消泡剂，边搅拌边加入玻璃鳞片，搅拌至分散均匀，得到低收缩气干性乙烯基酯重防腐涂料 A 组分。

（4）将增塑剂和引发剂加到拉缸中，而后加入促进剂，搅拌混合均匀，即可得到低收缩气干性乙烯基酯重防腐涂料 B 组分。

（5）使用前，将 A 组分和 B 组分按质量比为 40:1 混合搅拌均匀，静置 15~30min，可刷涂、喷涂和滚涂施工。

原料介绍 所述的流变助剂为 BYK-410，消泡剂为 BYK-555。

所述的催化剂为 N,N-二甲基苯胺，阻聚剂为对苯二酚。

所述的引发剂为过氧化甲乙酮，增塑剂为邻苯二甲酸二丁酯，促进剂为环烷酸钴。

产品应用 本品主要用作化工管道的低收缩气干性乙烯基酯重防腐涂料。

产品特性 本品主要通过气干性加成物基团的引入，合成低收缩、气干性树脂，解决了原有乙烯基酯玻璃鳞片重防腐涂料的气干性差、固化收缩率大的问题。该涂料具有抗介质渗透性强、耐磨性优等优点。低收缩气干性乙烯基酯重防腐涂料具有制备工艺简单、原料易得和性能稳定的特点，适合大规模的工业化生产。

配方 15　低温固化耐温重防腐涂料

原料配比

原料		配比（质量份）		
		1#	2#	3#
A 组分	环氧改性有机硅树脂	50.0	55.0	60.0
	改性聚丙烯酸酯	2.0	2.0	2.0
	氟碳改性聚丙烯酸酯	0.5	0.5	0.5
	烷基聚甲基硅氧烷	0.03	0.03	0.03
	酯类偶联剂	0.8	0.8	0.8
	有机膨润土	1.2	1.5	2.0
	气相二氧化硅	0.3	0.5	1.0
	炭黑	0.3	0.3	0.3
	磷酸锌	5.5	5.5	5.5
	三聚磷酸铝	3.5	3.5	3.5
	云母粉	10.0	10.0	6.0
	钛白粉	7.37	6.37	4.37
	滑石粉	10.5	10.0	10.0
	钛铁粉	3.5	4.0	4.0
B 组分	改性聚酰胺	2.5	2.5	2.5
A 组分:B 组分		100:2.5	100:2.5	100:2.5

制备方法

（1）配制环氧改性有机硅树脂溶液，然后向其中按比例依次加入 A 组分中的其他的各种助剂、颜料及填料。

（2）常温下搅拌后研磨至颗粒≤60μm，检测合格后过滤包装。

（3）使用时按照 A 组分：B 组分 = 100：2.5 混合使用。

原料介绍　环氧改性有机硅树脂选自江苏三木集团的 SMH－60 产品，改性聚酰胺选自上海树脂厂的 5772 产品。

产品应用　本品主要用于石油管道内、外壁的防腐工作。

产品特性

（1）双组分低温固化成膜，无须高温烘烤，施工简单方便，节约成本，能长期耐 200℃ 高温。

（2）具有优良的物理力学性能，附着力、柔韧性好，抗冲击强度高。

（3）具有优良的化学稳定性和耐水煮、耐油、抗老化性能。

配方 16　底面合一的环氧重防腐涂料

原料配比

原料	配比（质量份）
低分子量双酚 A 缩水甘油醚环氧树脂	25~35
反应型增韧稀释剂 277	10~20
腰果酚改性胺固化剂	12~35
高钛粉颜料	5~10
碳酸钡	30~40
助剂	0.7~2.4

制备方法　将各组分混合均匀，按现有防腐涂料调和工艺制成。

原料介绍　助剂中包括 0.3% ~1.5% 的触变剂，触变剂采用氢化蓖麻油、有机膨润土或超细二氧化硅。

助剂中包括 0.2% ~0.5% 的分散剂，分散剂采用食品级大豆卵磷脂。

产品应用　本品主要用于钢铁制品的防腐，防腐年限在 15 年以上，使用寿命长，可适应较苛刻的使用环境。

产品特性　本品在苛刻腐蚀环境下能长效防护钢铁制品，防护寿命可达 20 年以上，不仅可以减少污染，改善环境，而且可以节约资源，降低成本，提高经济效益。

配方 17　多功能防腐涂料

原料配比

底漆

原料	配比（质量份）
HDCPE	16.5~18.5
氯化石蜡	3~4
DOP	1.7

续表

原料	配比（质量份）
三聚氰胺甲醛树脂	1
氧化铁红	12
滑石粉	5
二甲苯	适量
乙醇	适量
磷酸锌	4.5
铬酸锌	4
硫酸钡	4.8
云铁	3
氯化锌	2.2
混合溶剂	41.8

面漆

原料	配比（质量份）
HDCPE	17.5~19.5
氯化石蜡	3~4
DOP	1.75
三聚氰胺甲醛树脂	1
钛白粉	8
UV-327	0.5
混合溶剂	67.25

制备方法　底漆的制备：

（1）将树脂 HDCPE、DOP、三聚氰胺甲醛树脂、颜料氧化铁红、填料滑石粉、分散剂硫酸钡及氯化锌按原料配比混合后放入高压反应釜中，反应温度为 10~25℃。

（2）提炼后用高速搅拌机进行搅拌，搅拌速度为 3000r/min。

（3）研磨：将上述物料研磨，研磨细度达 60~70μm。

（4）调漆：加入氯化石蜡、磷酸锌、铬酸锌、云铁组成的助剂，以及二甲苯、乙醇组成的混合溶剂进行调漆，调至黏度（涂-4黏度计）为 40~80s。

（5）包装：将成品灌装容器内即可。

面漆的制备：

（1）将 HDCPE、DOP、三聚氰胺甲醛树脂按原料配比混合后放入高压反应釜中，反应温度为 10~25℃。

（2）提炼后用高速搅拌机进行搅拌，搅拌速度为 3000r/min。

（3）研磨：将上述物料研磨，研磨细度达 60~70μm。

（4）调漆：加入氯化石蜡、钛白粉、UV-327 及混合溶剂进行调漆，调至黏度（涂-4黏度计）为 40~80s。

（5）包装：将成品灌装容器内即可。

产品应用　本品用于石油化工、天然气储柜、管道、船舶、海上石油平台、公路标志、桥梁等领域的外防腐。经检测本品涂料涂层无毒，可作船舶饮水舱、高层建筑水箱、食品及制药设备的防腐涂料。

产品特性　本品涂料具有耐水、耐油、耐酸、耐碱、耐温、耐老化的性能，并具有良好的装饰效果。

配方 18　防腐环氧粉末涂料

原料配比

原料	配比（质量份）
双酚 A 型环氧树脂或酚醛改性环氧树脂	54
酚羟基树脂	11
钛白粉	10
沉淀硫酸钡	10
硅微粉	10
炭黑	0.06
流平剂	2.0
分散剂	1.0
除气剂	0.5
松散剂	0.02
边角覆盖力改性剂	2.0
增韧剂	1.5
促进剂	0.5

制备方法
（1）按配方称量原材料。
（2）用高速混合机预混合。
（3）用挤出机熔融挤出混合，熔融混炼温度为 100℃ 左右。
（4）压片冷却破碎。
（5）空气磨细粉碎和分级。
（6）振动筛过筛分离。

原料介绍　所述的环氧树脂为双酚 A 型环氧树脂、酚醛改性环氧树脂或酚醛环氧树脂。

产品应用　本品主要用于发电设备塔筒和风车叶片等的防腐。

产品特性　本品配方中使用的热固性树脂是环氧树脂，树脂的软化点在 85 ～ 125℃，环氧值为 0.10 ～ 0.14，能够适应高温等恶劣气候环境。本品使用的颜料和填料具有良好的耐化学介质、防腐性能。本品使用的助剂有利于防腐环氧粉末涂料与底材以及防腐环氧粉末涂料与面漆附着力的改善和提高，有利于涂膜韧性和边角覆盖力的改善。

配方 19　防腐耐磨涂料

原料配比

原料	配比（质量份）					
	1#	2#	3#	4#	5#	6#
磷酸	20	13	26	17	20	26.5
三氧化二铝	10	7	14	8	10	13.5

续表

原料	配比（质量份）					
	1#	2#	3#	4#	5#	6#
石墨	40	—	—	10	—	—
铸石粉	20	—	—	—	—	35
二氧化铜	10	—	10	20	—	—
二硫化钼	—	40	—	10	—	—
碳化硅	—	40	5	10	—	—
聚四氟粉	—	—	15	10	—	25
橡胶粉	—	—	10	10	30	—
三氧化二铬	—	—	10	—	40	—
氧化锆	—	—	10	—	—	—
聚氨酯粉	—	—	—	5	—	—

制备方法

1#配方的制备：取磷酸、三氧化二铝，混合后再加入石墨、铸石粉、二氧化铜，混合均匀后即得一种防结垢耐磨涂料。

2#配方的制备：取磷酸、三氧化二铝混合，再加入二硫化钼、碳化硅，混合均匀后即得一种防结垢耐磨涂料。

3#配方的制备：取磷酸、三氧化二铝混合，再加入聚四氟粉、橡胶粉、三氧化二铬、氧化锆、二氧化铜、碳化硅，混合均匀后即得一种防结垢耐磨涂料。

4#配方的制备：取磷酸和三氧化二铝混合均匀，再加入石墨、二硫化钼、聚四氟粉、橡胶粉、聚氨酯粉、二氧化铜、碳化硅，混合均匀后即得一种防结垢耐磨涂料。

5#配方的制备：取磷酸和三氧化二铝混合均匀，再加入橡胶粉、三氧化二铬，混合均匀后即得一种防结垢耐磨涂料。

6#配方的制备：取磷酸和三氧化二铝混合均匀，再加入聚四氟粉、铸石粉，混合均匀后即得一种防结垢耐磨涂料。

产品应用　本品用作工业管道及设备腐蚀面或磨损面的防结垢耐磨涂料。

产品特性　本品由于使用了磷酸和三氧化二铝，二者发生反应生成了磷酸铝黏合剂而使附着力增强；本品由于使用了碳化硅、三氧化二铬、铸石粉、氧化锆、二氧化铜等无机高硬度材料，使涂料耐磨程度很高；本品由于使用了石墨、二硫化钼、聚四氟粉、橡胶粉、聚氨酯粉，使得涂料光滑而防结垢能力强。该防结垢耐磨材料以涂料形状出现，可用刷子涂，施工方便且厚度小，占据空间小。

配方 20　防腐高硬度陶瓷涂料

原料配比

原料		配比（质量份）					
		1#	2#	3#	4#	5#	6#
双酚 A 型环氧树脂	E－03 环氧树脂	30	—	—	—	—	—
	E－06 环氧树脂	—	35	—	30	30	—
	E－14 环氧树脂	—	—	25	—	—	25

续表

原料		配比（质量份）					
		1#	2#	3#	4#	5#	6#
亚微米陶瓷粉体	亚微米氧化铝粉体	35	30	35	35	—	—
	亚微米氧化硅粉体	—	—	—	—	35	35
固化剂	二乙烯三胺	15	15	—	—	—	—
	酚醛胺 T31	—	—	20	15	15	20
钛白粉		15	15	15	15	15	15
分散剂	AFCONA4046	5	5	5	—	—	5
	AFCONA4047	—	—	—	5	5	—

制备方法 将环氧树脂、亚微米陶瓷粉体、钛白粉、固化剂、分散剂按原料配比均匀混合制得本品涂料。

产品应用 本品主要适用于航空航天、海洋船舶、化学化工等领域，是一种防腐蚀高硬度陶瓷涂料。

产品特性 本品可为铝合金等金属表面提供有效保护，具有极好的防腐性能和力学性能，其力学性能为硬度 4H、附着力 1 级，而一般环氧涂层的硬度为 2H。

配方 21 改性防腐涂料

原料配比

接枝改性氯化橡胶

原料		配比（质量份）		
		1#	2#	3#
氯化橡胶		100	100	100
丙烯酸酯单体	丙烯酸丁酯	50	20	70
	甲基丙烯酸丁酯	—	30	10
	丙烯酸 -2 - 乙基己酯	—	10	—
二甲苯		155	155	175
引发剂	过氧化苯甲酰和偶氮二异丁腈混合物（混合比为 2∶1）	1.6	—	—
	过氧化苯甲酰和偶氮二异丁腈混合物（混合比为 1∶1）	—	1.6	—
	过氧化苯甲酰和偶氮二异丁腈混合物（混合比为 1∶2）	—	—	2

改性防腐涂料

原料		配比（质量份）		
		1#	2#	3#
接枝改性氯化橡胶		100	100	100
颜料	钛白	25	—	—
	群青	0.2	—	—
	炭黑	—	5	—
	氧化铁红	—	—	35

续表

原料		配比（质量份）		
		1#	2#	3#
填料	滑石粉（1250目）	5	5	5
	沉淀硫酸钡（1250目）	10	10	10
溶剂	二甲苯	20	10	10
	200#溶剂油	—	10	—
防沉剂	有机膨润土	—	—	1
助剂	消泡剂	0.1	—	0.1
	紫外线吸收剂	0.3	—	—
	分散剂	—	0.8	—

制备方法

（1）接枝改性氯化橡胶的制备：①将氯化橡胶投入反应釜中，加入二甲苯使其溶解；②加热到80℃后，开始滴加丙烯酸酯单体、部分引发剂及溶剂二甲苯的混合溶液，在1.5～2.0h内保温滴加完毕，再在82～88℃继续保温1h；③滴加剩余引发剂及溶剂二甲苯的混合溶液，在82～88℃保温0.5h，滴加完毕再继续保温5h；④降至室温后用200目滤袋过滤，所得滤液即为接枝改性氯化橡胶。

（2）改性防腐涂料的制备：将各物料按原料配比加入高速搅拌机内高速搅拌均匀，再用砂磨机研磨物料至细度小于30μm，出料包装即为改性防腐涂料。

产品应用 本品主要用作防腐涂料。

产品特性 由于本品是采用接枝改性氯化橡胶与其他组分恰当配合组成的防腐涂料，因此本品的储存稳定性，对腐蚀介质的抗渗透性，耐盐、耐酸、耐碱性能，以及力学性能均得到明显提高。本品涂膜光泽较高，耐老化、耐盐雾性能较为优异。

配方 22　含半封闭型有机胺固化剂防腐涂料

原料配比

半封闭型有机胺固化剂

原料	配比（质量份）
环氧树脂	15～40
胺	5～12
酮	15～35
溶剂	20～35

含有半封闭型有机胺固化剂的防腐涂料

原料		配比（质量份）
A组分	溶剂	25～35
	半封闭型有机胺固化剂	65～75
	低温固化促进剂	0～3

续表

原料		配比（质量份）
B 组分	环氧树脂	25 ~ 45
	钛白粉	0 ~ 15
	炉法炭黑	0 ~ 2
	着色颜料氧化铁红	0 ~ 15
	防锈颜料三聚磷酸铝	8 ~ 15
	填充料滑石粉	5 ~ 25
	润湿分散助剂	0.1 ~ 0.5
	功能性树脂	3 ~ 8
	防沉淀助剂	0.2 ~ 1.5
	消泡助剂	0.1 ~ 0.2
	流平助剂	0.1 ~ 0.5
	溶剂	8 ~ 25

制备方法

（1）半封闭型有机胺固化剂的制备：①按照原料配比称取胺与酮投入反应釜内，搅拌均匀，升温到 110 ~ 180℃，反应 4 ~ 10h，每隔一段时间从分水器中放水；反应完毕后，降温至 50℃以下过滤、出料，得到一种封闭一级胺、保留二级胺的半封闭型有机胺固化剂，该有机胺固化剂为酮亚胺低分子物质；②将按照原料配比称取的环氧树脂用溶剂溶解，升温至 85 ~ 100℃，回流除去外带的水分，再降温至 80℃以下，加入步骤①得到的半封闭型有机胺固化剂，在 50 ~ 100℃保持反应一段时间（如 40 ~ 100min），保持回流以除去水分，降温至 40℃以下，密封包装。

（2）含有半封闭型有机胺固化剂的防腐涂料的制备：

①A 组分的制备：称取半封闭型有机胺固化剂、溶剂、低温固化促进剂，投入清洁、干燥的用氮气排空的不锈钢反应釜中，搅拌均匀，检验合格后过滤，用氮气置换包装桶内空气后进行包装。

②B 组分的制备：称取氧化铁红为着色颜料；作为防腐基料的环氧树脂，作为防沉淀助剂的氢化蓖麻油，作为填充料的滑石粉和钛白粉，作为防锈颜料的三聚磷酸铝，作为润湿分散助剂的聚羧酸盐天乐 - 70，作为消泡助剂的 EFKA - 2020，作为溶剂的甲基异丁基酮溶剂混合并搅拌均匀，用砂磨机分散至细度 50μm 以下转入调漆缸中，加入功性能树脂二甲苯甲醛树脂，加入作为流平助剂的氟碳聚合物 EFKA - 3600，作为溶剂的异丁醇。

③将上述 A、B 组分按比例混合均匀，A∶B = 1∶5，调整施工黏度 17 ~ 30s（根据施工现场气温确定），过滤后进行空气喷涂施工。

原料介绍 所述的环氧树脂可以选用双酚 A 环氧树脂、双酚 F 环氧树脂或其他合适的环氧树脂。

所述的胺可以选用二乙烯三胺、三乙烯四胺或其他合适的胺。

所述的酮可以选用甲基异丁基甲酮、甲乙酮或其他合适的酮。

所述的溶剂可以选用甲苯或二甲苯、甲苯与二甲苯以任意比例的混合物、正丁醇或异丁醇、正丁醇与异丁醇以任意比例的混合物。

所述的 A 组分中的溶剂是正丁醇、异丁醇、甲基异丁基酮、二甲苯中的一种，或其中两种或三种以任意比例混合。

所述的 A 组分中的低温固化促进剂为叔胺或酚羟基有机叔胺，如：MDP - 30 [2,4,6 - 三（N，N - 二甲基）甲氨基苯酚]，K - 54，以及享斯曼产品 Accelerator960 - 1（标准叔胺）、Accelerator2950（专利保护产品）。

所述的功能性树脂是三聚氰胺甲醛树脂、二甲苯甲醛树脂、醛酮树脂中的任一种，或其中两种或三种以任意比例混合。

所述的分散助剂是防聚凝聚氨酯聚合物分散剂、不饱和聚酰胺及酸酯盐润湿分散剂中的任一种，或其中两种以任意比例混合。

所述的防沉淀助剂是气相二氧化硅、酰胺改性蜡液、氢化蓖麻油中的任一种，或其中两种或三种以任意比例混合。

所述的消泡助剂是有机硅消泡剂、非有机硅消泡剂中的任一种，或其中两种以任意比例混合。

所述的流平助剂是改性有机硅流平剂、氟碳高分子化合物流平剂中的任一种，或其中两种以任意比例混合。

所述的 B 组分中的溶剂是二甲苯、正丁醇、甲基异丁基酮、异丁醇、芳烃溶剂 S - 100A 中的一种，或其中两种或三种以任意比例混合。

A、B 组分混合质量比例为 A：B = 1：(3~9)。

产品应用 本品主要用作防腐涂料。

产品特性

(1) 该两组分环氧防腐漆适用于低处理表面基材，对一些无法达到高要求前处理的基材表面，或施工环境湿度在 80% 以上的基材表面也能达到优良的处理效果。

(2) 采用固化剂中引入环氧树脂形成多芳香环防腐预聚物，使得最终成膜物的防腐性能进一步提高。

配方 23　饮用水管防腐涂料

原料配比

原料		配比（质量份）								
		1#	2#	3#	4#	5#	6#	7#	8#	9#
A 组分	环氧改性丙烯酸树脂	60	60	40	60	60	50	50	50	50
	氯醚树脂	8	8	8	8	8	8	8	3	8
	丙烯酸树脂	3	3	3	3	3	3	8	3	3
	无机硅酸树脂	8	8	8	8	8	8	8	3	8
	溶剂	6	6	2	6	2	4	4	4	4
	乙酸正丁酯	10	10	6	10	10	8	8	8	8
	金红石型钛白粉	40	40	35	40	35	37.4	37.4	37.4	37.4
	功能性助剂	0.8	0.8	0.4	0.8	0.8	0.6	—	—	—
	烷基聚甲基硅氧烷	—	—	—	—	—	—	0.6	0.6	0.6

续表

原料		配比（质量份）								
		1#	2#	3#	4#	5#	6#	7#	8#	9#
A组分	无机硅酸树脂	—	—	3	8	—	—	5	5	5
	纳米二氧化钛	—	—	1	5	—	—	3	3	3
	纳米三氧化二铝	—	—	2	5	—	—	3	3	3
	纳米氧化锆	—	—	1	4	—	—	3	3	3
B组分	改性聚氨酯树脂	100	100	100	100	100	100	100	100	100
A:B		4:1	6:1	4:1	2:1	6:1	4:1	4:1	4:1	4:1

制备方法

（1）配料，按照原料配比将各种树脂、功能性助剂（或优选再加入：纳米二氧化钛、纳米三氧化二铝、纳米氧化锆），在转速650~750r/min下进行预分散，20~40min分散均匀。

（2）按照原料配比将金红石型钛白粉投入上述原液中，再以1200~1400r/min转速高速分散25~45min。

（3）将分散均匀的物料上机砂磨2~3遍，每次20~50min。

（4）常规检验。

（5）过滤，将经检测合格的涂料用50~100μm的过滤器或160目金属筛网进行过滤，单独包装。

（6）按照原料配比称取B组分后单独包装即得本品。

步骤（3）所述砂磨的工艺参数为：运行时转速1800~2200r/min，砂磨桶温度50~60℃，采用冷却水降温。

步骤（3）砂磨过程中，需对出料过滤网进行间断性刷洗，以免网眼堵塞，优选每隔5~8min进行一次刷洗。

步骤（4）中检验的标准为：黏度≥50s；细度≤60μm。

产品应用 本品主要适用于饮用水钢管内外壁、设备以及自清洁设备。

产品特性 本品具有优良的耐酸、碱、盐腐蚀性能，附着力强，柔韧性好，渗透性强，耐候性好，无毒、干燥快、施工简便，并能在已锈的钢基层上涂刷等优点。

配方 24　耐划伤重防腐涂料

原料配比

原料		配比（质量份）				
		1#	2#	3#	4#	5#
A组分	环氧树脂E-51	150	—	—	—	—
	环氧树脂E-44	—	120	200	—	—
	环氧树脂E-20	—	—	—	160	40
	二甲苯	200	220	240	260	300
	磷酸酯掺杂聚苯胺粉末	10	20	30	40	50
	分散剂BYK-163	15	10	5	15	10

续表

原料		配比（质量份）				
		1#	2#	3#	4#	5#
A组分	三聚磷酸二氢铝	150	200	130	120	150
	磷酸锌	150	200	130	120	130
	云母氧化铁	70	100	60	80	70
	滑石粉	60	30	20	50	20
	氧化锌	50	20	20	40	30
	沉淀硫酸钡	40	10	10	50	30
	流平剂 BYK-371	5	10	5	15	10
B组分	固化剂 NX-2040	100	60	150	72	60

制备方法

（1）磷酸酯掺杂聚苯胺的制备：按物质的量比，本征态聚苯胺（未掺杂的中间氧化态聚苯胺）：磷酸酯：水 =1：（0.1~0.5）：（40~50），将磷酸酯与本征态聚苯胺混合于水中2~6h，过滤，用水洗涤至滤液中性，滤饼在烘箱中烘干，得到磷酸酯掺杂聚苯胺。

（2）按原料配比称取环氧树脂、稀释剂放入砂磨机罐中，搅拌下加入磷酸酯掺杂聚苯胺粉末，搅拌0.5~2h，搅拌下再分别加入助剂、颜料和填料，以2500r/min的速度搅拌0.5~3h，砂磨1~5h，用200目滤布过滤，得到A组分。

（3）按原料配比将B组分与A组分在高速搅拌机中以1200~1500r/min转速搅拌3~5min，得到磷酸酯掺杂聚苯胺防腐涂料。

原料介绍

所述的颜料为三聚磷酸二氢铝、磷酸锌和云母氧化铁；

所述的填料为氧化锌、滑石粉和沉淀硫酸钡；

所述的稀释剂为二甲苯；

所述的助剂为分散剂 BYK-163 和流平剂 BYK-371。

产品应用　本品主要应用于不同金属（如钢铁、铜、铝等）的防腐，均有很好的效果。

产品特性

（1）本品耐盐雾、酸、碱等介质和大气环境腐蚀较好。

（2）本品耐划伤实验1000h锈蚀不扩展，板面不起泡，解决了传统聚苯胺防腐涂料耐划伤实验易起泡等问题。

配方 25　底面合一防腐涂料

原料配比

原料			配比（质量份）				
			1#	2#	3#	4#	5#
A组分	有机硅树脂	环氧改性有机硅树脂	5	10	14	18	22
	液态环氧树脂	双酚型缩水甘油醚环氧树脂	—	—	40	20	25
		多醚型缩水甘油醚环氧树脂	45	30	—	—	—

续表

原料		配比（质量份）				
		1#	2#	3#	4#	5#
A组分	液态环氧树脂　缩水甘油酯环氧树脂	—	6	7	5	10
	增韧剂　聚醚酰亚胺	—	—	—	5	—
	端环氧基丁腈橡胶	5	8	—	—	7
	纳米二氧化硅	7	5	8	5	2
	填料　氧化铝	10	8	—	—	—
	滑石粉	8	—	—	6	—
	石英粉	15	—	15	—	25
	铸石粉	—	15	—	12	—
	云母粉	—	6	5	10	6
	聚四氟乙烯微粉	—	1.5	2	—	1.5
	颜料　炭黑	0.2	—	—	—	0.5
	铁红	—	8	—	5	—
	钛白粉	3	—	6	2	—
	涂料助剂　流平剂	0.3	0.5	0.2	0.5	0.1
	消泡剂	0.3	0.2	0.5	0.5	0.35
	分散剂	0.4	0.3	0.5	0.3	0.05
	偶联剂	0.4	0.25	0.3	0.3	0.5
	防沉剂	0.4	1.25	1.5	0.4	—
B组分	固化剂　酚醛改性多元胺类固化剂	60	70	50	50	60
	热塑性酚醛树脂固化剂	10	5	10	15	10
	填料　石英粉	14	24	25	20	—
	超细硫酸钡	14	—	12	12	28
	涂料助剂　分散剂	1	0.5	1	0.5	1
	防沉剂	1	0.5	2	2.5	1
使用时A组分、B组分质量配比		3:1	5:1	3:1	2.5:1	2:1

制备方法

（1）A组分的配制：

①颜填料预处理：将颜料、填料分别在（180±20）℃恒温鼓风炉中加热（≥1h），除去其中的挥发性杂质和物理结晶水分；采用恒温高速混合机，将颜料和填料以及硅烷偶联剂（或钛酸酯偶联剂）进行分散，制成混合色料。

②预聚合：将有机硅树脂、液态环氧树脂和增韧剂置于反应釜中，在（75±10）℃的条件下进行预聚合反应加热，恒温搅拌1h以上，降温后出料，得到预聚合的混合树脂。

③高速分散：向预聚合的混合树脂中加入涂料助剂（流平剂、消泡剂、分散剂和防沉剂）和混合色料，在高速分散机中不断搅拌，从低速［（800±100）r/min，搅拌（30±10）min］到高速［（2200±100）r/min，搅拌（30±10）min］搅拌，使得搅拌均匀。

④研磨：采用液压三辊机进行研磨（≥2次），直至细度≤100μm、遮盖力≤150g/m²、黏度在（5000±500）mPa·s。

⑤过滤包装：检验合格后进行≥230目加压过滤和脱气包装。

（2）B组分的配制：

①填料预处理：将填料中各组分在（180±20）℃恒温鼓风炉中加热（≥1h），除去其中的挥发性杂质和物理结晶水分，得到处理后的填料。

②高速分散：向拉缸中按照原料配比分别加入两种固化剂，然后加入涂料助剂（分散剂和防沉剂）和预处理后的填料，在高速分散机中不断搅拌，从低速［（800±100）r/min，搅拌（30±10）min］到高速［（2200±100）r/min，搅拌（30±10）min］搅拌，使得搅拌均匀。

③研磨：采用液压三辊机进行研磨（≥2次），直至细度≤100μm、遮盖力≤150g/m²、黏度在（4000±500）mPa·s。

④过滤包装：检验合格后进行≥230目加压过滤和脱气包装。

原料介绍　所述的有机硅树脂具体可为环氧改性有机硅树脂。

所述的液态环氧树脂常温下为液体，优先选用双酚型缩水甘油醚环氧树脂（如牌号128、0164、828等）、多醚型缩水甘油醚环氧树脂（如牌号F51、F54、JF46等）、缩水甘油酯环氧树脂（如牌号711、672、S-508等）。

所述的增韧剂可为合成橡胶、纳米非金属材料和热塑性树脂中的一种或几种。所述的合成橡胶具体可为端环氧基丁腈橡胶、丁二烯-苯乙烯共聚物橡胶等；所述的纳米非金属材料具体可为纳米二氧化硅、纳米膨润土、纳米二氧化钛、纳米碳酸钙等，粒径通常为1~100nm；所述的热塑性树脂具体可为聚醚酰亚胺、聚丙烯、聚四氟乙烯等。

所述的颜料为炭黑、二氧化钛（钛白粉）和铁红中的一种或几种。

所述的填料为滑石粉、云母粉、石英粉、氧化铝、云母氧化铁、超细硫酸钡、磷酸铝、铸石粉、气相二氧化硅和聚四氟乙烯微粉中的一种或几种。

所述的偶联剂可为硅烷偶联剂或钛酸酯偶联剂。

所述的固化剂为酚醛改性胺类固化剂和酚醛树脂固化剂复配构成。所述的酚醛改性胺类固化剂具体可为大庆开发区庆鲁精细化工有限公司的T33B、2050，卡德莱的NX-2041、NX-2003等；所述的酚醛树脂固化剂具体可为热塑性酚醛树脂固化剂。

本品中所用的流平剂、消泡剂、分散剂、防沉剂均采用涂料制备中常用的流平剂、消泡剂、分散剂、防沉剂。

产品应用　本品主要应用于海洋及陆地天然气混输管道内壁的防腐。

使用方法：使用时A组分和B组分按照质量比4:1混合，充分搅拌均匀后，涂布于管道内壁，常温固化成膜。

产品特性　本品为双组分无溶剂环氧涂料，采用底漆、面漆合一的单层涂料，避免了底漆、面漆分别施工影响施工效率和产生涂装间隔的问题，减少了施工道数。对于现场涂料防腐施工，单次涂膜厚度高，可以达到200μm以上，固化速度快，大大提高了生产线的涂装防护效率，也提高了涂层的整体防腐性能。

配方26　防氢溴酸腐蚀涂料

原料配比

原料	配比（质量份）		
	1#	2#	3#
甲苯	20	39	30
120#汽油	25	10	15
石油树脂	10	8	10.4
VAE	15	11	6
DOP	6	3	3
氯丁橡胶	12	9	10.6
乙酸乙酯	4	10	6
颜料	适量	适量	适量

　　制备方法　先将甲苯、120#汽油加入带搅拌器的反应釜；然后将石油树脂、VAE、DOP、氯丁橡胶、乙酸乙酯加入反应釜中，搅拌反应1~2h；最后加入适量颜料继续搅拌均匀，送高剪切混合乳化机及砂磨机进行混合研磨，当物料细度达到60μm以下时即可过滤出料，包装为成品。

　　产品应用　本品用作防腐涂料。

　　产品特性　本品干燥时间短，防腐能力强，耐水性能好，抗老化性能强。

配方27　氟硅改性丙烯酸树脂疏水防腐涂料

原料配比

	原料	配比（质量份）					
		1#	2#	3#	4#	5#	6#
A组分	氟硅改性丙烯酸树脂	70	45	60	50	45	45
	金红石型钛白粉、氧化锌、二氧化硅	5	—	—	—	—	—
	金红石型钛白粉、铝粉、氧化锌、二氧化硅、绢云母和白炭黑	—	40	10	30	19.5	—
	金红石型钛白粉、二氧化硅和白炭黑	—	—	—	—	—	12
	二甲苯、丁酮、甲基异丁基酮	8	—	—	—	—	—
	乙酸丁酯、乙酸乙酯、丁酮	—	6	—	—	—	—
	二甲苯、乙酸丁酯、丙二醇乙醚乙酸酯	—	—	14	—	—	—
	乙酸丁酯	—	—	—	10	—	—
	乙酸乙酯	—	—	—	—	25	—
	丁酮、丙二醇甲醚乙酸酯	—	—	—	—	—	30
	紫外线吸收剂UV-P、光稳定剂UV292	3	2.5	2.5	—	—	1
	紫外线吸收剂UV-P、UV-A、光稳定剂UV292	—	—	—	1	1.5	—
	分散剂（BYK公司）104	5	—	—	—	2	—
	分散剂（BYK公司）104S	—	—	—	—	—	4

续表

原料		配比（质量份）					
		1#	2#	3#	4#	5#	6#
A 组分	分散剂（AFCONA 公司）4015	—	—	4	—	—	—
	分散剂（AFCONA 公司）4046	—	—	—	1.5	—	—
	有机膨润土、有机陶土、改性氢化蓖麻油（经混合、研磨、搅拌）	2	0.5	1.5	0.8	1	1
B 组分	固化剂 N90	7	5	—	—	6	—
	固化剂 N75	—	—	8	6.7	—	7

制备方法

（1）A 组分制备：将各组分经混合、研磨、搅拌而成。

（2）B 组分制备：将固化剂单独包装。

产品应用　本品是一种可用于钢结构或热镀锌钢防腐的氟硅改性丙烯酸树脂疏水防腐涂料。

产品特性

（1）本品具有良好的成膜性，在物体表面的附着力强，可以很好地附着于物体的表面。

（2）本品疏水性良好，且具有良好的自清洁性能。

（3）本品耐腐蚀性好，耐光老化性好，涂刷后使用持久，可以减少多次涂刷的经济成本，方便用户。

（4）本品柔韧性好，方便施工，可大面积涂刷。

（5）本品兼具氟、硅树脂的低表面性能。

（6）本品耐冲击性好，稳定性良好。

配方 28　复合重防腐涂料

原料配比

原料		配比（质量份）	
		1#	2#
A 组分	环氧树脂	40	45
	苯甲醇	2	6
	二丁酯	1	3
	硅烷	0.5	0.75
	P104S 分散剂	0.2	0.5
	A530 消泡剂	0.1	0.35
	361N 流平剂	0.05	0.35
	有机膨润土	1	—
	有机膨润土和白炭黑的任意质量配比混合物	—	2.5
	玻璃鳞片	40	—
	玻璃鳞片和三聚磷酸铝、硫酸钡、滑石粉的任意质量配比混合物	—	45

续表

原料		配比（质量份）	
		1#	2#
A组分	钛白粉	4	—
	钛白粉和氧化铁红、氧化铁灰的任意质量配比混合物	—	8
B组分为1085C固化剂，A组分与固化剂的配比为4∶1			

制备方法

（1）将A组分的原料均匀混合，制成混合物备用。

（2）将步骤（1）所得混合物与B组分依序按4∶1质量比配伍均匀混合即成为本品水下无溶剂环氧厚浆复合重防腐涂料成品。

原料介绍　本品中的B组分1085C固化剂是一种水下、低温、快速专用涂料环氧树脂固化剂，是改性脂环胺类固化剂，具有良好的耐腐蚀性能。该固化剂中的亲水基团接枝改性为憎水基团，在水下使用时，其黏结强度与干燥环境相比保持率在90%以上，不会出现"白化"现象，且在水下、潮湿、低温（0℃）等条件下，均能固化环氧树脂，同时具有良好的浸润性和韧性。

本品中作为稀释剂加入的苯甲醇，稀释环氧树脂时与环氧树脂以及固化剂有良好的互溶性，且固化物不溢出，同时提高固化后涂膜的柔韧性，并能提高涂膜与底材的附着力。

本品所加填料玻璃鳞片、硫酸钡、三聚磷酸铝、滑石粉，可提高涂层的耐盐雾性能，尤其是三聚磷酸铝的效果更明显。

本品采用的P104S分散剂具有特殊的界面活性，能帮助颜料润湿及解凝聚，且能吸附在颜料表面防止颜料返粗，使涂料具有良好的储存安定性。

产品应用　本品主要用作防腐涂料。

产品特性　本品解决了常温使用的环氧涂料中配套的胺类固化剂与水及水中或空气中的二氧化碳反应生成碳酸盐，造成黏结层被碳酸盐类隔离引起附着力极度下降、与干燥环境相比黏结力下降50%以上、涂层易脱落、防腐能力差这一难题，具有水下涂刷性能优异，防腐性能好，附着力强，耐冲击强度大，柔韧性好的特点。

配方29　改性聚氨酯沥青防腐涂料

原料配比

原料		配比（质量份）		
		1#	2#	3#
A组分	PM-200多亚甲基多苯基异氰酸酯	29	28	30
	IPDI	9.5	9	10
	丙烯酸树脂BS962	7	6	8
	聚醚3031K	8	7	9
	聚醚450	2.5	2	3
	二辛酯	6.5	6	7
	环氧树脂6101	5.5	5	6
	磷酸	0.0015	0.001	0.002
	溶剂S1000#	33.5	—	36
	工业二甲苯	—	31	—

续表

原料		配比（质量份）		
		1#	2#	3#
B 组分	环氧树脂618	5.5	5	6
	石油沥青	26	25	27
	煤焦沥青	33	32	34
	环己酮	10.5	10	11
	甲苯	10	9	10.5
	三聚磷酸铝	13	10	15
	铬酸锶	6.5	5	8
	1250 目筛下的云母粉	13	10	15
	325 目筛下的玻璃磷片	11	10	12
	溶剂 S1000#	8	—	9
	工业二甲苯	—	7	—
A：B		1：1	1：0.5	1：1.5

制备方法

（1）按原料配比，取多亚甲基多苯基异氰酸酯（PM－200 多亚甲基多苯基异氰酸酯）、异佛尔酮二异氰酸酯（IPDI）、丙烯酸树脂（BS962 丙烯酸树脂）、聚醚3031K、聚醚450、二辛酯、环氧树脂（环氧树脂6101）、磷酸、溶剂 S1000#（或工业二甲苯）于反应釜内，40～42℃下反应0.5h，再升温至80～82℃，保温2h，降温，得到 A 组分。

（2）按原料配比，取石油沥青、煤焦沥青、环己酮、甲苯、溶剂 S1000#（或工业二甲苯）、环氧树脂（环氧树脂618）于反应釜内，135～140℃保温2h，降温至室温；然后添加三聚磷酸铝、铬酸锶、1250 目筛下的云母粉、325 目筛下的玻璃磷片，研磨、分散得到 B 组分。

（3）将制备的 A 组分和 B 组分，按质量比勾兑、搅拌、分散、静置3～5min 即可。

原料介绍 所述的 A 组分中，加入聚醚3031K 和聚醚450，提高了漆膜的耐水性、耐温性；加入丙烯酸树脂 BS962，提高了漆膜的抗紫外线性；加入环氧树脂6101，增加了漆膜的附着力。所述的 B 组分中，采用石油沥青和煤焦沥青的两种沥青组合形式，改变了原来聚氨酯沥青漆只使用一种沥青的形式，这种组合形式，涂层不透湿、韧性好；大量加入环氧树脂618，提高了涂层的附着力。

产品应用 本品主要应用于涂料组合物领域，是一种湿固化和反应固化混合型防腐涂料。

产品特性 本品对砼、钢铁表面有极好的附着力。涂层透湿性好，经透湿试验，60d 后，涂层不透湿。耐温性好，经150℃高温检测，涂层不膨胀。－60℃时，涂层不硬不脆，厚度不收缩，因此可在－20℃环境下照常喷涂，还可带锈涂装，对涂层质量无影响。提高了涂层的抗紫外线能力，紫外线照射500h，涂层无变化。提高了漆膜的耐腐蚀性，分别在浓度为1%～30%的酸（硫酸）、浓度为1%～40%的碱（氢氧化钠）、浓度为1%～3%的盐（氯化钠溶液）和二甲苯中浸泡72h，涂层无变化。涂覆后30～50min 可达到表干、实干，缩短了涂料干燥时间。

配方 30　钢结构抗水防腐涂料

原料配比

原料	配比（质量份）
中温或高温煤焦油	7
氧化铁棕	0.8
锌粉	0.3
石墨	0.4
二甲苯	2
硫酸钙	0.6
滑石粉	0.7
磁土	0.3

制备方法

（1）按所述配方依次称取各组分投放于耐温容器中，然后对其进行加温（温度控制在60℃左右），边加温边搅拌，待煤焦油与颜料完全搅拌均匀后停止加温，作为备用料待用。

（2）将步骤（1）备用料冷却至常温后加入溶剂搅拌均匀，其溶剂与备用料的质量比为（1∶4）～（1∶6）。

产品应用　本品适用于水利水电工程中的水下钢闸门、拦污棚等的防腐。冬天天冷施工时，可适当在备用料中加入催干剂。

产品特性　根据本配方制成的钢结构抗水防腐涂料，其耐水性和耐水候交替变化性能强，耐磨损及耐冲击性能好，耐酸碱和抗微生物腐蚀。其防腐周期长，一般达10～15年。由于配方的原材料多数价廉易得，且涂料可现场制备，因而具有成本低、经济实用的特点。

配方 31　钢筋重防腐耐划粉末涂料

原料配比

原料	配比（质量份）			
	1#	2#	3#	4#
环氧合成树脂	100	100	100	100
类酚醛树脂	20	24	22	23
2-甲基咪唑	0.8	0.8	0.75	0.8
流平剂（德国PV-88）	0.8	—	0.8	—
流平剂（美国3号）	—	0.8	—	0.8
金红石型钛白粉（Z-215）	15	10	5	15
酞菁蓝	0.3	—	—	—
高色素炭黑	—	—	0.2	—
氧化铁红（拜尔4130）	—	1.0	—	1.0
空心微珠	—	10	—	10
硅微粉	20	—	30	—
聚乙烯醇缩丁醛	—	5	—	2.0

续表

原料	配比（质量份）			
	1#	2#	3#	4#
端羧基丁基橡胶	—	—	2	—
共聚尼龙548（粉）	3	—	—	—
气相二氧化硅	0.4	0.4	0.6	0.4
安息香	0.4	0.4	0.5	0.4
氮化硼	4.0	—	3.5	—
聚四氟乙烯蜡	—	4.8	—	0.5

制备方法

（1）将各组分按原料配比计量混合在一起，在高速混炼机上预混3~7min。

（2）将步骤（1）混合物使用双螺杆挤出机，在长径比为15∶1，转速为300r/min，挤出温度为110~120℃的条件下熔融混炼挤出，然后冷却、压片、破碎。

（3）将破碎料片投入ACM磨磨细，粒径分布符合指标要求后即为防腐耐划钢筋粉末涂料。

原料介绍 本品固化剂为酚羟基封端的类酚醛树脂；固化促进剂为2-甲基咪唑；流平剂为含硅丙烯酸酯；颜料-1为金红石型钛白粉；颜料-2为酞菁蓝，可以根据产品颜色要求分别使用氧化铁红或高色素炭黑；耐磨填料为硅微粉，也可以使用空心微珠；增韧剂为聚乙烯醇缩丁醛，也可以使用共聚尼龙粉或端羧基丁基橡胶（粉）；疏松流动助剂为气相二氧化硅；消泡剂为安息香；耐划剂为聚四氟乙烯蜡，也可以使用氮化硼。

产品应用 本品用于钢筋防腐。

产品特性

（1）本品使用时现场涂覆，一般的制粉设备均可满足生产条件，对设备要求低，效率高。

（2）本品与钢筋、水泥具有良好的"咬合"黏着性能，黏着力超过涂层钢筋弯曲标准；涂覆钢筋弯曲后不裂、无针孔、不脱壳、不起泡；浇灌水泥时不使其划破裸露钢筋，具有优异的抗冲击耐划伤性能。

配方 32 　钢质管道防腐涂料

原料配比

原料	配比（质量份）	
	1#	2#
溶剂粗苯	620	—
溶剂二甲苯	—	620
丁苯橡胶	4	4.6
氯丁橡胶	3.8	4.2
聚苯乙烯	32.6	32.2
高氯化聚乙烯	58	55
芳烃石油树脂	72.3	74.2
石油沥青	100	101.3

续表

原料	配比（质量份）	
	1#	2#
无规聚丙烯（APP）	1	1.8
轻质碳酸钙	71	73.6
炭黑	5.3	5.5
氧化锌	6	6
氧化铁红	8	9.2
邻苯二甲酸二丁酯	18	18.4

制备方法

（1）切橡胶：将丁苯橡胶、氯丁橡胶切成碎条块待用。

（2）溶解高分子材料，将溶剂投入钢质搅拌罐内，开动搅拌，依次投入增黏增稠剂、成膜树脂，将罐密封，搅拌至物料全部溶解为止。

（3）向罐内溶液内投入填料、颜料、增塑剂，并继续搅拌约6h即得成品。

原料介绍

成膜树脂为聚苯乙烯、高氯化聚乙烯、芳烃石油树脂、石油沥青。

增黏增稠剂为无规聚丙烯、氯丁橡胶、丁苯橡胶。

填料为轻质碳酸钙、炭黑。

颜料为氧化锌或氧化铁红。

溶剂为粗苯或二甲苯。

增塑剂为邻苯二甲酸二丁酯。

产品应用　本品可广泛应用于电力、冶金、化工、去离子水、煤气等设备，以及管道、天然气输配管道、埋地的汽油储罐的防腐处理。

产品特性　本品防腐性能优良，还具有涂膜坚韧、耐酸碱、耐海水、耐微生物、电绝缘性能好、涂膜不脆裂的特点。

配方33　钢结构表面防腐涂料

原料配比

原料			配比（质量份）		
			1#	2#	3#
底漆	A组分	液态环氧树脂	5.0	5.00	5
		磷酸锌	1.0	1.00	1
	B组分	水性环氧树脂固化剂	10.00	30.00	23.46
		三聚磷酸铝	5.00	11.00	5.13
		钛白粉	1.00	1.00	2.73
		滑石粉	2.00	10.00	5.13
		重晶石	2.00	10.00	5.13
		纳米气相二氧化硅	0.20	1.50	1.03
		氧化铁红	1.00	5.00	2.73
		去离子水	10.00	25.00	22.41
	C组分	去离子水	1.00	20.00	19.51

原料			配比（质量份）		
			1#	2#	3#
中间漆	A组分	水性环氧树脂	16.00	20.00	17.73
		水性环氧树脂固化剂	35.0	45	39
		云母氧化铁	10.00	20.00	19.70
	B组分	滑石粉	1.00	2.50	2.36
		重晶石	2.00	4.00	3.94
		纳米气相二氧化硅	0.30	1.20	1.18
		去离子水	10.00	20.00	11.82
	C组分	去离子水	1.00	10.00	3.94
面漆		水	10.00	25.00	20.64
		分散剂硬脂酰胺	0.1	0.30	0.1
		乙二醇单丁醚	1.00	3.00	1.36
		消泡剂	0.2	0.3	0.2
		成膜助剂Texanol	1.00	3.00	1.36
		云母氧化铁灰	8.00	15.00	8.24
		滑石粉	0.5	1.5	0.5
		硫酸钡	1.50	4.5	1.55
		纳米气相二氧化硅	0.20	1.20	0.38
		乳液AT-3099HA	50.00	70.00	64.63
		增稠剂甲基羟乙基纤维素	0.50	1.00	0.52
		AMP-95	0.02	0.06	0.04
		氨水	0.50	1.50	0.54

制备方法

（1）以水性环氧树脂及固化剂为成膜物质，三聚磷酸铝、磷酸锌为主要防锈颜料制备水性环氧带锈底漆：先按原料配比将水性环氧树脂固化剂用B组分中的去离子水量的一半稀释，然后搅动并添加钛白粉、滑石粉、重晶石、纳米气相二氧化硅、氧化铁红，高速搅拌5～10min后，再用B组分中剩余的去离子水稀释并高速搅拌20～30min，接着添加C组分去离子水搅拌至均匀分散得到BC组分。将磷酸锌、三聚磷酸铝与液态环氧树脂研磨搅拌均匀得到A组分，调漆时将A组分与BC组分混合均匀。

（2）以水性环氧树脂及固化剂为成膜物质，云母氧化铁红为防锈颜料制备水性环氧云铁中间漆：先按原料配比将水性环氧树脂固化剂用B组分中的去离子水量的一半稀释，低速搅拌并添加云母氧化铁、滑石粉、重晶石、纳米气相二氧化硅，然后高速分散5～10min，接着将B组分中去离子水量的另一半稀释并高速分散20～30min，最后添加C组分中的部分去离子水。调漆时，按一定比例将A组分与B组分搅拌均匀，加入C组分中剩余去离子水，调节涂料到适宜刷涂的黏度。

（3）以改性丙烯酸乳液为成膜物质，云母氧化铁灰为防锈颜料制备水性丙烯酸云铁面漆：按原料配比先将成膜助剂Texanol、乙二醇单丁醚、分散剂、水进行混合搅拌5min，然后于其中加入云母氧化铁灰、滑石粉、硫酸钡、纳米气相二氧化硅，分散 20～30min，接着加入乳液 AT－3099HA 和消泡剂搅拌 10～20min，再加入增稠剂调节黏度，加入 AMP－95。

产品应用 本品主要用作防腐蚀涂料。

产品特性

（1）本品具有较好的耐腐蚀性和附着力，并且均为水性涂料，无毒，无污染；采用水性带锈底涂，可带锈刷涂，节省工时和施工成本。

（2）本品柔韧性好、无毒、无污染。

（3）本品中的水性环氧云铁中间漆，具有优异的屏蔽作用和附着力，能够有效屏蔽氧、水汽等的渗透。

（4）本品中的水性丙烯酸云铁面漆具有优异的耐候性。

配方 34　钢结构水性带锈防腐涂料

原料配比

原料	配比（质量份）			
	1#	2#	3#	4#
苯丙乳液	33.0	35.0	38.0	40.0
氧化铁	2.5	2.3	2.2	2.4
滑石粉	9.0	8.0	10.0	8.0
磷酸锌	2.5	2.5	3.0	2.5
氧化锌	2.0	1.8	1.8	1.5
氢氧化铝	1.0	1.0	1.0	1.1
磷酸	19.0	18.5	18.5	18.5
单宁酸	5.5	5.5	5.8	5.5
磷酸二氢锌	0.0075	0.075	0.1	0.15
重铬酸钠	0.125	0.125	0.3	0.31
成膜助剂	2.0	2.0	2.5	3.0
邻苯二甲酸二丁酯	1.45	1.4	1.4	1.45
六偏磷酸钠	0.6	0.7	0.6	0.6
消泡剂	0.3	0.35	0.36	0.4
水	加至 100	加至 100	加至 100	加至 100

制备方法

（1）先将磷酸、氢氧化铝、氧化锌、单宁酸混合，边加热边搅拌，直至溶液澄清，制得转化液，放置片刻。

（2）将氧化铁、滑石粉、磷酸锌与水混合搅拌，制得颜填料料浆。

（3）再将转化液、颜填料料浆与成膜物质、缓蚀剂、消泡剂（掺量的 1/2～2/3）及其他助剂混合，搅拌 1.5～2h，转速为 1600～4000r/min，制得料浆，再加入成膜助剂，搅拌 0.5～1h，转速不变，再加入剩下的消泡剂，将搅拌速度调至 500～600r/min，搅拌 0.5～1h 后，过滤得到本品水性带锈防腐涂料。

原料介绍

所述的苯丙乳液为成膜物质。

所述的氧化铁为防锈颜料。

所述的滑石粉为颜填料。

所述的磷酸锌为活性防锈颜料。

所述的磷酸、单宁酸为转化剂。

所述的磷酸二氢锌与重铬酸钾组成复合缓蚀剂。

所述的成膜助剂又称成膜剂、凝集剂、聚结剂，常为高沸点溶剂。

所述的邻苯二甲酸二丁酯为增稠剂。

所述的六偏磷酸钠为分散剂。

产品应用　本品主要用于防腐工程，以及除锈和水下施工。

产品特性　本品具有性能好、成本低等特点，可直接带锈涂装，既可作为底漆使用，又可作为面漆使用。

配方 35　钢筋防腐粉末涂料

原料配比

固化剂

原料	配比（质量份）			
	1#	2#	3#	4#
环氧树脂 E-44	100	100	100	100
双酚 A	52	52	60	45
酚类固化剂 CT-3	12	12	14	10
一元聚醚胺 M-1000	—	13.1	—	—
二元聚醚胺 ED-2003	—	—	8.7	—
三元聚醚胺 T-5000	—	—	—	3.1

钢筋防腐粉末涂料

原料	配比（质量份）			
	1#	2#	3#	4#
环氧树脂 805	58.37	57.71	64.58	54.05
固化剂	21.4	20.99	18.45	22.7
改性咪唑固化促进剂 G-91	1.95	1.05	0.46	3.24
纯流平剂 L88	0.49	0.84	0.37	1.08
含硅消泡成分的混合物 1208	0.97	0.52	1.38	1.62
超细硫酸钡	13.62	14.69	12.91	10.81
钛白粉				
酞菁绿 G	3.21	4.2	1.85	6.49

制备方法

（1）按照原料配比，向高速混合机内加入环氧树脂、固化剂、固化促进剂、流平剂和消泡剂以及可选的填料和颜料进行混合（可分散 3~10min）。

（2）将混合好的原料经过螺杆挤出机熔融混合，其中螺杆挤出机的基础温度为 100~200℃，熔融挤出的物料通过冷却滚轴压制成片，再经过粉碎齿轮粉碎成小块

（如1cm×2cm的小块），静止（如3~5h）后，研磨并经过滤网（如100目）过滤，从而制得所述钢筋防腐粉末涂料。

原料介绍 所述的环氧树脂的环氧当量为800~1200，软化点为100~120℃，分子链长度为聚合度5~7，分子量为2000~2800。优选的环氧树脂为岳阳石化生产的805，其环氧当量为1100~1200，软化点为110~115℃，分子链长度为聚合度5，分子量为2300~2600。

所述的固化剂包含酚类固化剂和聚醚胺。在所述的固化剂中，聚醚胺的量为所述酚类固化剂的0.5%~10%，优选为1%~5%。所述的酚类固化剂可以为任何市售的酚类固化剂（例如，酚类固化剂DEH84、EB-30、KD-404、PSG-01或其混合物），或者为自制的酚类固化剂（通常可通过双酚A封闭的环氧树脂经过扩链工艺制得）。所述聚醚胺可以为任何类型的聚醚胺，例如一元胺、二元胺、三元胺或其混合物等，一元胺包括M-1000、M-2070和M-2005等，二元胺包括ED-2003、ED-900、ED-600、D-400、D-2000和D-230等，三元胺包括T-5000、T-3000和T-403等。

所述的固化促进剂为武汉制药厂生产的改性咪唑固化促进剂G-91。

所述的流平剂选自丙烯酸酯类聚合物和改性聚硅氧烷，优选为丙烯酸酯类聚合物，更优选使用的流平剂为武汉银彩生产的纯流平剂L88。

所述的消泡剂选自含硅消泡成分的混合物、有机硅聚合物和改性硅氧烷，优选使用的消泡剂为含硅消泡成分的混合物，是由科宁助剂生产的1208。

产品应用 本品主要应用于混凝土用螺纹钢筋的防腐。

产品特性

（1）本品配方简单，由该涂料形成的涂层光泽稳定，且力学性能好。

（2）本品形成的涂层能够与石子混凝土形成紧密结合，黏合强度高，并且在混凝土中呈惰性。

配方36 钢结构防腐涂料

原料配比

改性高氯化聚乙烯

原料	配比（质量份）	
	1#	2#
高氯化聚乙烯	32	38
丙烯酸丁酯	13	10
甲基丙烯酸甲酯	10	10
过氧化二苯甲酰	0.5	0.5
乙酸丁酯	25	22
二甲苯	20	20

制备方法 首先将反应容器密闭后抽真空和通氮气各5min，重复操作三次，以充分除尽容器中的空气。按原料配比称量高氯化聚乙烯、丙烯酸丁酯、甲基丙烯酸甲酯、过氧化二苯甲酰、乙酸丁酯、二甲苯加入容器中。在氮气保护下，搅拌升温至100~140℃反应1~5h，得到黏稠的液体。冷却至100℃左右，抽真空除去未反应

单体，即得改性高氯化聚乙烯树脂。

有机硅丙烯酸酯树脂

	原料	配比（质量份）	
		1#	2#
有机硅树脂	八甲基环四硅氧烷	85	90
	乙烯基环四硅氧烷	15	10
	三甲基氯硅烷	0.05	0.05
	四甲基氢氧化铵	0.1	0.1
有机硅丙烯酸树脂	有机硅树脂	22	28
	甲基丙烯酸甲酯	40	35
	丙烯酸丁酯	35	45
	丙烯酸	3	2
	过氧化二苯甲酰	1	1
	乙酸丁酯	60	60
	乙二醇甲醚	40	40

制备方法　首先合成有机硅树脂：将反应容器密闭后抽真空和通氮气各 5min，重复操作三次，以充分除尽容器中的空气。加入计量的八甲基环四硅氧烷、乙烯基环四硅氧烷、三甲基氯硅烷、四甲基氢氧化铵，再抽真空至液体中无逸出气泡为止。升温至 150~180℃反应 1~5h，得到黏稠的液体。冷却至 100℃左右，抽真空除去未反应单体，即得有机硅树脂。

然后是有机硅丙烯酸酯的合成：将丙烯酸丁酯、甲基丙烯酸甲酯、丙烯酸和过氧化二苯甲酰按比例混合，备用。在装有搅拌器、冷凝器、温度计和高位槽的反应容器中，加入有机硅树脂、乙酸丁酯和乙二醇甲醚，搅拌溶解。升温至 80~90℃，滴加混合单体，约 1~2h 滴完。保温 2~4h，再加入乙酸丁酯和乙二醇甲醚，搅拌均匀，降至室温出料。

防腐蚀涂料

原料	配比（质量份）			
	1#	2#	3#	4#
改性高氯化聚乙烯（50%乙酸丁酯和二甲苯混合溶液）	45	45	55	55
有机硅丙烯酸酯树脂（50%乙二醇甲醚溶液）	—	35	30	25
醇酸树脂（40%乙酸丁酯溶液）	18			
氧化铁红	15	—	—	—
钛白粉	—	18	13	18
氯化石蜡	0.5	0.5	0.5	0.5
催干剂（异辛酸盐）	0.05	—	—	—
滑石粉	20			
防沉剂（改性膨润土）	2	2	2	2
磷酸锌	0.05	—	—	—

制备方法 底漆的配制：采用上述制备的改性高氯化聚乙烯和市售的醇酸树脂为成膜物质，磷酸锌为防腐助剂。按涂料配方称量后，先将改性高氯化聚乙烯溶于乙酸丁酯和二甲苯的混合溶剂中，然后与醇酸树脂、氧化铁红及其他助剂放在一起搅拌混合 20~30min，再经砂磨机研磨后即得底漆。

面漆的配制：采用制备的改性高氯化聚乙烯和自行合成的有机硅丙烯酸酯树脂为成膜物质，以钛白粉为颜料，按涂料配方称量后，先将高氯化聚乙烯树脂溶于乙酸丁酯和二甲苯的混合溶剂中，然后与有机硅丙烯酸酯树脂、钛白粉以及其他助剂放在一起搅拌混合 20~30min，再经砂磨机研磨后即得面漆。

底漆与面漆配制后研磨至细度为 1.0~50μm 即可。

产品应用 本品是用于钢结构的防腐蚀涂料。

产品特性 本品涂料具有良好的溶解性、成膜性；涂料本身具有良好的防酸、防碱和防盐雾等防腐性能，同时又具有良好的阻燃性能。本品制备工艺简单、成本低廉、应用广泛。

配方 37 钢用耐蚀涂料

原料配比

<table>
<tr><th colspan="2" rowspan="2">原料</th><th colspan="5">配比（质量份）</th></tr>
<tr><th>1#</th><th>2#</th><th>3#</th><th>4#</th><th>5#</th></tr>
<tr><td rowspan="8">合金粉</td><td>Zn</td><td>35</td><td>40</td><td>37</td><td>30</td><td>42</td></tr>
<tr><td>Mn</td><td>0.01</td><td>0.1</td><td>0.009</td><td>0.005</td><td>0.2</td></tr>
<tr><td>Cd</td><td>0.2</td><td>0.4</td><td>0.3</td><td>0.1</td><td>0.3</td></tr>
<tr><td>Sr</td><td>0.2</td><td>0.4</td><td>0.3</td><td>0.1</td><td>0.5</td></tr>
<tr><td>Si</td><td>0.02</td><td>0.05</td><td>0.03</td><td>0.01</td><td>0.06</td></tr>
<tr><td>Pr</td><td>0.03</td><td>0.09</td><td>0.06</td><td>0.01</td><td>0.1</td></tr>
<tr><td>Gd</td><td>0.05</td><td>0.2</td><td>0.09</td><td>0.04</td><td>0.3</td></tr>
<tr><td>Al</td><td>加至100</td><td>加至100</td><td>加至100</td><td>加至100</td><td>加至100</td></tr>
<tr><td rowspan="5">涂料</td><td>合金粉</td><td>40</td><td>45</td><td>42.5</td><td>35</td><td>50</td></tr>
<tr><td>氮化硼</td><td>3</td><td>3</td><td>4</td><td>1</td><td>7</td></tr>
<tr><td>碳化硅粉</td><td>3</td><td>3</td><td>4</td><td>2</td><td>7.6</td></tr>
<tr><td>丁醇</td><td>7</td><td>7</td><td>7.5</td><td>5</td><td>9</td></tr>
<tr><td>环氧树脂液</td><td>加至100</td><td>加至100</td><td>加至100</td><td>加至100</td><td>加至100</td></tr>
</table>

制备方法

（1）合金粉准备：按照质量分数为 Zn 35%~40%，Mn 0.01%~0.1%，Cd 0.2%~0.4%，Sr 0.2%~0.4%，Si 0.02%~0.05%，Pr 0.03%~0.09%，Gd 0.05%~0.2%，其余为 Al 进行配料。其中，Zn 和 Al 用纯金属锭，Cd 用纯镉粒，Mn 用纯锰片，Si 用硅块，Pr、Gd、Sr 三者均以中间合金形式加入，分别采用含 Pr15 的错铝中间合金、含 Gd15 的钆铝中间合金和含 Sr25 的锶铝中间合金。将原料放入外设感应圈的有底孔的坩埚中，底孔直径 1~2mm，坩埚底孔下部设旋转的钼合金转轮，坩埚上部连接氮气压力系统，熔化在常压下进行，熔化合金时将感应圈通电，控制熔化温度为 700~720℃，熔化后保温 3~8min，开启氮气压力系统，在

1.2 ~ 1.5atm（1atm = 101325Pa）的氮气作用下合金液从底孔流出和旋转的钼合金转轮边缘接触，转轮边缘的线速度为 16 ~ 20m/s，钼合金转轮边缘将合金液甩成条带。然后将合金条带放入球磨机中粉碎成粒度为 270 ~ 800 目的合金粉。

（2）涂料制备：先按质量分数为 40% ~ 45% 的合金粉、3.0% ~ 6.0% 的氮化硼粉、3% ~ 6% 的碳化硅粉、7.0% ~ 8.0% 的丁醇、其余为环氧树脂液将物料分别称出；然后将合金粉、氮化硼粉、碳化硅粉置于容器中搅拌 10 ~ 15min，搅拌转速为 30 ~ 60r/min；将环氧树脂液和丁醇缓慢注入容器，接着进行搅拌，搅拌转速为 800 ~ 1200r/min，搅拌时间为 30 ~ 50min，制得钢用耐蚀涂料。钢用耐蚀涂料储存于密封桶中，使用时将耐蚀涂料以 800 ~ 1200r/min 搅拌 5min 便可直接使用。

原料介绍　所述的氮化硼和碳化硅具有高的耐磨性能，因此氮化硼粉和碳化硅粉为涂料增加了耐磨功能，对合金粉起到保护作用。碳化硅具有良好的导热性能，提高了涂料的散热功能。

产品应用　本品主要用于钢铁的防锈。

产品特性　本品性能优越，耐磨性好，耐蚀性强，对钢铁构件的防护时间长。本品制备工艺简单，生产成本低，适于工业化生产。

配方38　钢制管道环氧粉末防腐涂料

原料配比

原料	配比（质量份）		
	1#	2#	3#
环氧树脂	53.62	52.91	53.33
固化剂	10.72	10.58	10.67
沉淀硫酸钡	21.45	26.46	21.34
硅微粉	8.04	—	1.33
硅微石	—	7.94	8.53
云母粉	4.02	—	4
金红石型钛白粉	1.34	1.32	—
聚丙烯流平剂	0.27	—	0.13
气相二氧化硅触变剂	—	0.25	0.13
安息香	0.11	0.11	0.11
白炭黑	0.11	0.11	0.11
酞青蓝	0.32	0.32	0.32

制备方法

（1）称料：称料时，对量大的环氧树脂、固化剂、填料等只需精确到 0.1，而对颜料、助剂等需要精确到 0.01。

（2）混料：混料需要用到三辊混料机，时间约半个小时，搅拌速度为 80r/min。

（3）双螺杆挤出时，第一段温度为 60℃，第二段为 90℃，第三段为 100℃。

（4）压片过程需要有冷却装置。

（5）破碎后，料片大小适中，不能太大。

（6）磨粉后，需定期对设备进行保养维修。

（7）过筛，需要用120目筛网进行过滤，超细粉和粗粉需要进行回收再处理。

（8）按25kg/箱装料。

原料介绍　所述的环氧树脂的环氧值为0.11～0.13，软化点为85～95℃。

所述的固化剂的羟基当量为200～210，软化点为82～86℃。

所述的填料选自金红石型钛白粉、沉淀硫酸钡、硅微粉、硅微石、云母粉中的几种，细度为400～800目，优选为800目。

所述的助剂选自聚丙烯流平剂助剂，或者气相二氧化硅触变剂的一种或者几种。

产品应用　本品主要用作钢制管道环氧粉末防腐涂料。

产品特性　本品具有优秀的附着力和覆盖率，力学性能好，耐磨、耐压、耐弯、耐冲击，有效防止腐蚀性土壤、烃类、化学品和海水的腐蚀。

配方 39　高分子防腐涂料

原料配比

原料	配比（质量份）
丙烯酸树脂	45
天然橡胶	3
氯化石蜡	3
硬脂酸锌	4
异丙醇	11
消泡剂（磷酸三丁酯）	2.5～3
乳化剂（硅油）	0.5～1
紫外线吸收剂	5
偶联剂（钛酸酯）	0.5～1
保湿剂（甘油）	1
流平剂（丙烯酸）	1
钛白粉	5
轻质碳酸钙	10
有机硅空心微珠	5
水性色浆	3

制备方法

（1）将油水两性丙烯酸树脂在搪玻璃锅中加热至55℃，使树脂变薄。

（2）将氯化石蜡和硬脂酸锌分别在搪玻璃锅中加热至80～90℃，使全部溶解。

（3）加热后的丙烯酸树脂在搅拌状态下慢慢加入天然橡胶，然后将溶解好的氯化石蜡和硬脂酸锌依次慢慢加入，之后将磷酸三丁酯、硅油加入，搅拌0.5h。

（4）将70%的异丙醇加入，温度控制在30～35℃，加入钛白粉、轻质碳酸钙、有机硅空心微珠、钛酸酯（偶联剂）、紫外线吸收剂，砂磨4～5h，至细度达到20μm以下。

（5）在高速打浆的状态下，加入水性色浆、甘油、丙烯酸及余下的异丙醇（30%），搅拌、过滤，并测试黏度合格（40s左右）即得成品。

产品应用　本品主要用作钢结构防腐涂料。

产品特性 本涂料只需按涂料的常规施工方法，在施工时不受钢结构使用年限、体积大小等限制，无须将待涂结构分割处理，现场组装，而且无须加热烘烤，只需在常温条件下涂膜即可达到粉末涂料的性能。

配方 40　高氯化聚乙烯外防腐涂料

原料配比

原料	配比（质量份）
高氯化聚乙烯树脂	1
二甲苯	2.0
乙酸丁酯	0.8
环氧树脂	0.1
氯化石蜡	0.6
环氧氯丙烷	0.1
聚丙烯酸酯共聚体溶液	0.01
烷基聚甲基硅氧烷溶液	0.01
聚酰胺蜡	0.02
铝银浆	2.5

制备方法 将高氯化聚乙烯树脂加入到二甲苯和乙酸丁酯的混合溶剂中，加以分散溶解，再加入环氧树脂、氯化石蜡、环氧氯丙烷、聚丙烯酸酯共聚体溶液、聚甲基烷基硅氧烷溶液，搅拌均匀后，在搅拌的情况下加入聚酰胺蜡、铝银浆，然后用砂磨机研磨 0.5～1h，制成银色高氯化聚乙烯外防腐涂料。

产品应用 本品可应用于储罐、化工设备、钢架、桥梁、集装箱的外防腐蚀。

产品特性

（1）本品由于是单组分涂料，施工方便。其涂层具有优良的耐盐性、耐候性、耐热性、耐油性、阻燃性和耐溶剂性，储存期长。

（2）本品制造工艺简单，不需特殊设备，价格低廉。

配方 41　高效防腐涂料

原料配比

原料	配比（质量份）		
	1#	2#	3#
双酚 A 二缩水甘油醚	85.5	82	89
当量为 371 的环氧树脂	14.5	11	17
双酚 A	27.5	24	30
N - 甲基乙醇胺	15	12	18
基料	100	90	110
甲基异丁基酮	50	45	55
多异氰酸酯	64	60	70
滑石粉	50	40	60
煤焦油	50	40	60

制备方法 按原料配比依次取双酚 A 二缩水甘油醚、当量为 371 的环氧树脂、双酚 A 和 N – 甲基乙醇胺配制成基料，然后再依次取甲基异丁基酮、多异氰酸酯、滑石粉和煤焦油与基料混合，搅拌均匀并置入反应釜中，在 200～220℃ 温度下反应 20～40min 左右的时间，即可获得本品高效防腐涂料。

产品应用 本品可用于金属构件的防腐。

产品特性 本品可用刮涂法对所需要保护的构件进行施工涂膜，并可在常温下干燥，干燥后其干膜厚度可达 200μm，具有良好的防腐性能，尤其是对于人们在日常生活和生产中用到的金属构件。本品对于那些处于恶劣环境中的金属构件，如桥梁、车辆、船舶、化工钢结构、医药、电镀车间等构造物，上下水管、排水管、海水管等，以及一些家用电器，其防腐效果非常明显，可使构件的使用寿命显著延长。

配方 42 高固体金属内腔防腐涂料

原料配比

原料			配比（质量份）					
			1#	2#	3#	4#	5#	6#
A组分	防腐剂	磷酸锌	5	6	7	5	10	2
		三聚磷酸铝	7	10	10	10	5	10
		氧化锌	8	9	6	10	8	8
	稀释剂	丁醇	2	2	2	2	2	2
		二甲苯	3	4	4	3.5	4	3
	环氧树脂	环氧树脂 G2280	50	55	55	—	50	50
		环氧树脂三木 618	—	—	—	60	—	—
	防腐颜料		20	25	23	25	23	20
	钛白粉		25	25	23	25	25	25
	分散剂	BYK – 110	0.6	0.7	0.8	1	0.6	0.6
	流平剂	BYK – 300	0.4	0.3	0.3	0.2	0.4	0.4
	消泡剂	BYK – 052	0.3	0.2	0.3	0.2	0.3	0.3
	稀释剂		5	6	6	5.5	5	5
B组分	变性脂肪族多胺固化剂	惠联化工的 6683	30	32	—	—	30	30
		惠联化工的 6805	—	—	33	35	—	—
	A 组分		100	100	100	100	100	100
	B 组分		30	32	33	35	30	30

制备方法 将环氧树脂、防腐颜料、钛白粉、分散剂、流平剂、消泡剂、防腐剂依次加入搅拌容器内搅拌，之后研磨至粒度为 30μm 以下，加入稀释剂调整固体含量为 90% 以上得到 A 组分，将 A 组分和 B 组分分别包装即得到本品高固体金属内腔防腐涂料。

原料介绍 所述的环氧树脂选用双酚 A 型低分子量液体环氧树脂，如亨斯曼 G2280、三木 618。

所述的防腐颜料按原料配比由磷酸锌（2~10）、三聚磷酸铝（5~15）、氧化锌（5~15）混合而成。稀释剂由丁醇和二甲苯按质量比为1:（1~4）混合而成。

产品应用　本品主要应用于钢铁金属内腔内壁的防腐，涂料形成的固化漆膜具有优秀的抗耐性和较好的力学性能及附着力。

产品特性　本品选用低分子量环氧树脂，在流动黏度下成膜较厚，可起到防护作用。本品中无溶剂，采用改性胺固化环氧树脂的技术路线，充分利用变性脂肪族多胺固化剂固化环氧树脂。漆膜具有优秀的防腐特性和优良的物理力学性能，并可大幅度降低有机溶剂的使用量，符合环保、绿色的要求。同时，引入特种活性稀释剂，对硬脆的环氧树脂进行改性，以固化漆膜和保证优秀的抗耐性，使其具备良好的物理力学性能（如耐冲击、柔韧性）。

配方43　高耐化学性管道环氧防腐涂料

原料配比

原料		配比（质量份）	
		1#	2#
A组分	正丁醇	3.94	2.94
	二甲苯	13.52	10.52
	消泡剂	0.94	1.04
	改性脂肪族固化剂	14.6	18.5
B组分	正丁醇	2.58	1.58
	二甲苯	6.03	5.03
	环己醇	1.5	2
	DMF	1.5	2
	环氧树脂	30.89	32.99
	氧化铁黄、钛白粉	9.4	8.8
	气相二氧化硅	0.6	0.6
	沉淀硫酸钡	13.5	13
A:B		1:2	

制备方法

（1）A组分的制备：取正丁醇、二甲苯加入分散罐，搅拌下加入消泡剂，10min后加入改性脂肪族固化剂，高速分散30~60min，即得A组分。

（2）B组分的制备：取正丁醇、二甲苯、环己醇、DMF加入分散罐，搅拌下加入环氧树脂，均匀后加入氧化铁黄、钛白粉，气相二氧化硅，沉淀硫酸钡，高速分散30min，用砂磨机研磨至要求细度，即得B组分。

原料介绍　所述的改性脂肪族固化剂为1693；环氧树脂为E-44；消泡剂为5054；氧化铁黄、钛白粉、沉淀硫酸钡不小于500目。

产品应用　本品主要应用于铸铁管道内防腐。A、B双组分使用时，现场将A、B双组分按质量比1:2混合，搅拌均匀，即可采用高压无气喷涂方式，喷涂于管道的内壁，涂料细度不大于60μm，厚度120~150μm，将涂层在150℃下烘烤2h。

产品特性　本品涂层具有优异的耐化学性能、耐热水性能及耐冷热水交替性能。

配方 44　高温防腐涂料

原料配比

原料	配比（质量份）	
	1#	2#
A 组分		
硅酸钾溶液	769	820
氢氧化锂溶液	20	20
$CH_3Si(OCH_3)_3$	25	35
水	58	10
硅灰石（$CaSiO_3$）	128	115
B 组分		
Al_2O_3 粉	100	100
A : B	1 : 1	4 : 1

制备方法　将硅酸钾溶液倒入反应器，开始搅拌，转速 1500r/min，形成旋涡。同时，保持溶液温度 35℃，将氢氧化锂溶液缓慢加入反应器，转速可以适当增加，但不能使溶液溢出。提高温度至 70℃，并保持温度，提高转速，保持旋涡，使反应充分进行大约 1h。加入 $CH_3Si(OCH_3)_3$，为使其完全水解，必须尽可能缓慢加入，一般持续 30min。然后缓慢滴加水，调整转速，保持旋涡。保持温度，持续 1.5h，转速可稍增加，得到无色、透明溶液为止。加入硅灰石，充分搅拌 30min，转速适当放慢。将得到的溶液倒出，灌装，A 组分即制备完成。

反应器底部可能有少许沉淀，其数量多少与所加原料的杂质和不溶物的含量有关。

产品应用　本品涂料用于有高温防腐要求的基层的涂刷，使用时按 A 组分与 B 组分的质量比为（1:1）～（5:1）进行混配。

产品特性　本涂料耐高温，防腐性能优异，施工方便，无污染，稳定，易于保存。

配方 45　隔热防水防腐涂料

原料配比

原料	配比（质量份）			
	1#	2#	3#	4#
废弃聚苯乙烯泡沫	16	18	15	16
石油树脂	17	15	20	18
环氧树脂	8	7	10	6
二甲苯	30	25	20	40
乙酸丁酯	7	9	8	6
三聚磷酸铝	5	8	8	—
云母氧化铁灰	9	—	12	17
云母粉	15	12	10	20
硅酸铝粉	20	22	25	15
邻苯二甲酸二丁酯	9	7	8	10
炭黑	2	1	0.5	1.5

制备方法　将废弃聚苯乙烯泡沫、石油树脂、环氧树脂、二甲苯、乙酸丁酯、防锈颜料、隔热填料、隔热补强料、增塑剂、炭黑按原料配比均匀混合制得所得涂料。

原料介绍　所述的防锈颜料优选为三聚磷酸铝、云母氧化铁灰。

所述的增塑剂优选为邻苯二甲酸二丁酯，隔热填料优选为云母粉，隔热补强料优选为硅酸铝粉。

产品应用　本品可广泛应用于各种埋地管线、化工管线及设备、钢架结构、塔架、铁艺、水泥建筑楼房、矿山机械、船舶、石油化工储罐、环保工程，并可作各种隔热涂料的配套底漆。

产品特性　本品隔热、防水、防腐蚀效果好，对施工面的要求宽松，可直接刷涂在带锈件表面，同样可以起到很好的防护效果，施工难度低。

配方 46　管道防腐涂料

原料配比

原料	配比（质量份）
A 组分	
二苯基甲烷二异氰酸酯	1
碳化二亚胺化二异氰酸酯	0.3
聚醚二元醇	0.6
聚醚三元醇	0.1
B 组分	
端氨基聚氧化乙烯醚	1
二甲硫基甲苯二胺	0.4
二乙基甲苯二胺	0.3
钛酸异丙酯溶液	0.003
聚丙烯酸酯溶液	0.002
炭黑	0.05
钛白粉	0.08
轻质碳酸钙	0.2

制备方法　向二苯基甲烷二异氰酸酯中加入碳化二亚胺化二异氰酸酯，搅拌均匀后加热至85℃，然后在搅拌下分别缓慢滴加聚醚二元醇和聚醚三元醇，保温搅拌4h即制成该涂料中的A组分。在端氨基聚氧化乙烯醚中加入二甲硫基甲苯二胺、二乙基甲苯二胺，并搅拌混合均匀，在搅拌下加入钛酸异丙酯溶液、聚丙烯酸酯溶液、炭黑、钛白粉和轻质碳酸钙，高速搅拌0.5h，然后用砂磨机研磨0.5h即制成该涂料中的B组分。使用时将1份的A组分、1.1份的B组分分别加热至65℃后混合均匀，制成管道用聚脲外防腐涂料。

产品应用　本品可用于输送管道外防腐工程，能抵御腐蚀介质对管道的腐蚀，提高管道使用寿命。

产品特性

（1）本品涂层具有优良的剪切强度、耐阴极剥离性能，其剪切强度可达 15.2MPa。

（2）本品生产工艺简单，质量容易控制。

配方 47　罐顶防腐涂料

原料配比

A 组分

原料	配比（质量份）
含量 50% 漆酚二甲苯树脂液	60
聚酰胺	4.2
石墨	20
乙基溶纤剂	15.8

B 组分

原料	配比（质量份）
双酚 A 型环氧树脂（E-44）	28.1
乙基溶纤剂	20
氧化铁红	31.6
铝粉	10
磷酸盐	10
膨润土	0.3

制备方法　将 A 组分各原料混合均匀，将 B 组分各原料经混合、研磨后分别包装。

原料介绍　漆酚是柔性基料，而环氧树脂具有良好的防腐性能，但脆性较大。因此，将漆酚与环氧树脂混合，使涂料具有柔软和抗温差的性能。涂层的开裂性与漆膜厚度有关，漆膜越厚，越易开裂。另外，在同样的膜厚下，涂刷道数越多，防渗透性能越好。所以应当以每道较薄的厚度，多次涂刷，争取在涂膜厚度为 200μm 左右时达到防腐要求。

产品应用　本品主要用作储罐顶部防腐蚀涂料。

产品特性　本品涂两层，上薄层富含漆酚、氧化铁红（铁红色），下层富含环氧聚酰胺、石墨（黑色）。涂料的耐温、耐油、耐水性能良好，具有柔软、抗温差的特点；干燥迅速，表干 0.5h，可缩短施工周期。

配方 48　海洋用钢管桩外防腐环氧粉末涂料

原料配比

原料	配比（质量份）
酚醛改性环氧树脂	40~60
双酚 A 型环氧树脂	0~20
线型酚醛固化剂	0~20
酚类固化剂	5~25

续表

原料	配比（质量份）
2-苯基咪唑	0.3~1.5
硅烷偶联剂	0.2~1
气相白炭黑	0.2~3
苯基苯并三唑紫外线吸收剂和受阻胺光稳定剂	0~2
改性聚四氟乙烯蜡	0~5
玻璃粉	5~25
滑石粉+硅微粉+云母粉	5~30
三聚磷酸铝+铁红+金红石型钛白粉+氧化亚铜	5~10
颜料	0~3

制备方法　按照本品各组分原料配比进行配制即可。

产品应用　本品是一种海洋用钢管桩外防腐环氧粉末涂料。

产品特性　本品涂层表面的粗糙度满足钢管桩与其所在的海洋地质条件所需的嵌固强度，且具有良好的抗划伤性、抗冲击耐磨性、抗海洋生物污损、抗老化性和抗紫外线的辐照等特点。

配方 49　含导电聚合物的水性防腐导电涂料

原料配比

原料		配比（质量份）			
		1#	2#	3#	4#
去离子水		300	400	200	300
润湿分散剂十二烷基苯磺酸钠		10	5	15	10
聚合物导电粉体	20Ω·cm 的聚苯胺/凹凸棒石纳米导电复合材料	140	80	200	—
	25Ω·cm 的聚苯胺/凹凸棒石纳米导电复合材料	—	—	—	140
氟碳乳液		450	300	600	450
50Ω·cm 的导电云母粉		125	200	50	125
成膜助剂聚乙二醇		15	10	20	15
消泡剂二甲基硅油		10	5	15	10

制备方法　先依次向砂磨机中加入原料配比的去离子水、润湿分散剂及聚合物导电粉体，研磨 0.5~2h，再转入超声分散混合器中，依次向超声分散混合器中加入原料配比的氟碳乳液、导电云母粉、成膜助剂及消泡剂，边搅拌边超声分散0.5~2h，制得水性防腐导电涂料。

原料介绍

所述的成膜助剂为聚乙二醇。

所述的消泡剂为二甲基硅流。

所述的导电云母粉为 50Ω·m 的导电云母粉。

产品应用　本品主要用作水性防腐导电涂料。

产品特性

（1）本品以水性氟碳乳液为成膜物质，因其具有持久的耐候性、卓越的抗沾污性、理想的耐洗刷性、优异的耐化学性、良好的耐盐雾性，给导电涂层提供了良好的耐腐蚀性。

（2）本品综合利用了氟碳乳液的防腐特性和聚合物独特的钝化防腐特性及导电特性，制备的含聚合物的水性防腐导电涂料可作为一种底面合一的涂料使用，具有优异的防腐性能和良好的导电性能。

配方 50 含氟防腐涂料

原料配比

原料		配比（质量份）			
		1#	2#	3#	4#
A 组分胶浆	F26 型氟橡胶	100	100	100	100
	活性氧化镁	8	10	12	12
	超细氢氧化钙	5	7	8	8
	补强剂炭黑	2.0	25	30	30
	脱模剂（莱茵散）	1	1.5	2	2
	甲基异丁基甲酮	112.5	112.5	112.5	112.5
	甲苯	12.5	12.5	12.5	12.5
A 组分胶浆		20	20	20	20
B 组分硅烷偶联剂（KH550）		1	1	1	1

制备方法 以氟橡胶为基本的成膜物，配以助剂、补强剂和添加剂，经过混炼得到氟混炼胶后，溶于有机溶剂得到 A 组分胶浆。使用时，将 A 组分胶浆与 B 组分硅烷偶联剂经低温固化得到含氟涂料。

产品应用 本品主要应用于石油、化工、机械、制冷、航空、军事、航天、电子等国民经济建设领域。

产品特性 本品施工容易，且有效地改进了氟橡胶需要高温硫化、施工难度大等缺点，弥补了一般防腐涂层不能满足较恶劣环境下使用的短板，同时保持了氟橡胶优异的耐候性、耐久性、耐腐蚀性、耐磨性、耐黏性等性能，其作为性能极佳的防腐涂料品种，在一些特定的重防腐领域得到了广泛的应用和推广。

配方 51 含镁－镍－锰的耐海洋气候防腐涂料

原料配比

含镁－镍－锰的耐海洋气候防腐处理用涂料

原料	配比（质量份）									
	1#	2#	3#	4#	5#	6#	7#	8#	9#	10#
铝锌硅合金粉	30	32	35	37	39	41	43	47	49	50
有机溶剂	10（体积份）	11（体积份）	13（体积份）	16（体积份）	18（体积份）	19（体积份）	20（体积份）	22（体积份）	24（体积份）	25（体积份）

续表

原料	配比（质量份）									
	1#	2#	3#	4#	5#	6#	7#	8#	9#	10#
氧化物颗粒增强剂	1	1.2	1.5	1.9	2.3	2.8	3.2	3.6	3.9	4
去离子水	15（体积份）	16（体积份）	18（体积份）	20（体积份）	21（体积份）	23（体积份）	25（体积份）	27（体积份）	29（体积份）	30（体积份）
黏结剂	2	2.1	2.3	2.7	3	3.5	4	4.5	4.8	5
腐蚀抑制剂	1	1.1	1.3	1.6	1.8	2	2.3	2.6	2.9	3
分散剂	0.1（体积份）	0.2（体积份）	0.4（体积份）	0.6（体积份）	0.9（体积份）	1.1（体积份）	1.3（体积份）	1.6（体积份）	1.9（体积份）	2（体积份）
增稠剂	0.1	0.2	0.3	0.5	0.7	1	1.2	1.5	1.8	2

铝锌硅合金粉

原料	配比（质量份）														
	1#	2#	3#	4#	5#	6#	7#	8#	9#	10#	11#	12#	13#	14#	15#
Zn	35	36	37	39	41	43	45	47	49	51	53	55	56	57	58
Si	4	3.9	3.8	3.6	3.2	2.8	2.5	2.2	1.8	1.5	1	0.8	0.5	0.4	0.3
Mg	0.1	0.3	0.5	0.8	1	1.3	1.8	2.2	2.6	3	3.5	4	4.5	4.8	5
Ni	0.1	0.2	0.3	0.5	0.7	1	1.3	1.5	1.8	2	2.4	2.6	2.8	2.9	3
Mn	0.01	0.03	0.07	0.1	0.18	0.25	0.35	0.5	0.65	0.8	0.85	0.91	0.95	0.98	1
Al	余量	余量	余量	余量	余量	余量	余量	余量	余量	余量	余量	余量	余量	余量	余量

制备方法 称取定量的腐蚀抑制剂，溶入定量的去离子水中，然后加入黏结剂、分散剂、有机溶剂，搅拌使之溶解。在搅拌状态下，缓慢加入铝锌硅合金粉和氧化物颗粒增强剂。然后加入增稠剂，搅拌过程中控制油浴的温度为 20～30℃，搅拌 0.5～1h。

原料介绍 所述的铝锌硅合金粉由 Al、Zn、Si、Mg、Ni 和 Mn 组成。

所述的有机溶剂优选乙二醇。

所述的黏结剂优选硼酸酯偶联剂。

所述的腐蚀抑制剂优选硼酸。

所述的增稠剂优选羟乙基纤维素。

所述的分散剂优选聚硅氧烷二丙二醇单甲醚。

所述的氧化物颗粒增强剂选自 Al_2O_3、SiO_2 中的一种或两种。所述的 Al_2O_3 的平均粒径为 15～60nm，所述的 SiO_2 的平均粒径为 25～70nm。

所述的铝锌硅合金粉的平均直径为 10～200μm。

产品应用 本品主要应用于耐海洋气候工程零件防腐处理。

产品特性 本品具有环境友好、性态稳定、涂层制备能耗低等特点。

配方 52　含镁－钛－锰的耐海洋气候防腐涂料

原料配比

涂料

原料	配比（质量份）									
	1#	2#	3#	4#	5#	6#	7#	8#	9#	10#
铝锌硅合金粉	30	32	35	37	39	41	43	47	49	50
有机溶剂	10（体积份）	11（体积份）	13（体积份）	16（体积份）	18（体积份）	19（体积份）	20（体积份）	22（体积份）	24（体积份）	25（体积份）
氧化物颗粒增强剂	1	1.2	1.5	1.9	2.3	2.8	3.2	3.6	3.9	4
去离子水	15（体积份）	16（体积份）	18（体积份）	20（体积份）	21（体积份）	23（体积份）	25（体积份）	27（体积份）	29（体积份）	30（体积份）
黏结剂	2	2.1	2.3	2.7	3	3.5	4	4.5	4.8	5
腐蚀抑制剂	1	1.1	1.3	1.6	1.8	2	2.3	2.6	2.9	3
分散剂	0.1（体积份）	0.2（体积份）	0.4（体积份）	0.6（体积份）	0.9（体积份）	1.1（体积份）	1.3（体积份）	1.6（体积份）	1.9（体积份）	2（体积份）
增稠剂	0.1	0.2	0.3	0.5	0.7	1	1.2	1.5	1.8	2

铝锌硅合金粉

原料	配比（质量份）														
	1#	2#	3#	4#	5#	6#	7#	8#	9#	10#	11#	12#	13#	14#	15#
Zn	35	36	37	39	41	43	45	47	49	51	53	55	56	57	58
Si	4	3.9	3.8	3.6	3.2	2.8	2.5	2.2	1.8	1.5	1	0.8	0.5	0.4	0.3
Mg	0.1	0.3	0.5	0.8	1	1.3	1.8	2.2	2.6	3	3.5	4	4.5	4.8	5
Ti	0.5	0.48	0.45	0.4	0.35	0.3	0.25	0.2	0.15	0.1	0.08	0.05	0.03	0.02	0.01
Mn	0.01	0.03	0.07	0.1	0.18	0.25	0.35	0.5	0.65	0.8	0.85	0.91	0.95	0.98	1
Al	余量	余量	余量	余量	余量	余量	余量	余量	余量	余量	余量	余量	余量	余量	余量

制备方法　取定量的腐蚀抑制剂，溶入定量的去离子水中，然后加入黏结剂、分散剂、有机溶剂，搅拌使之溶解。在搅拌状态下，缓慢加入铝锌硅合金粉和氧化物颗粒增强剂。然后加入增稠剂，搅拌过程中控制油浴的温度为 20～30℃，搅拌 0.5～1h。

原料介绍　所述的铝锌硅合金粉由 Al、Zn、Si、Mg、Ti 和 Mn 组成。

所述的有机溶剂优选乙二醇。

所述的黏结剂优选硼酸酯偶联剂。

所述的腐蚀抑制剂优选硼酸。

所述的增稠剂优选羟乙基纤维素。

所述的分散剂优选聚硅氧烷二丙二醇单甲醚。

　　所述的氧化物颗粒增强剂选自 Al_2O_3、SiO_2 中的一种或两种。所述的 Al_2O_3 的平均粒径为 15～60nm，所述的 SiO_2 的平均粒径为 25～70nm。

　　所述的铝锌硅合金粉的平均直径为 10～200μm。

　　产品应用　本品主要应用于海洋工程及近海风电等工业装备的防腐。

　　产品特性　本品突破了目前铝锌硅涂层主要采用热镀方法制备的约束。与热镀等工艺相比，本品通过加入黏结剂、分散剂、有机溶剂等制成金属涂料，可以利用喷涂、刷涂等方法在工件表面形成涂层。本品的涂层制备工艺温度低（200℃），克服了热镀合金涂层工艺温度高（大于600℃）导致的工件变形和力学性能降低等技术难题；可以利用喷涂、刷涂等方法在工件表面形成涂层，工艺方法、设备简单，适合于大型复杂零件处理，拓宽了涂料的应用范围。

配方 53　含镍-锰的耐海洋气候防腐处理用的涂料

原料配比

涂料

原料	配比（质量份）									
	1#	2#	3#	4#	5#	6#	7#	8#	9#	10#
铝锌硅合金粉	30	32	35	37	39	41	43	47	49	50
有机溶剂	10（体积份）	11（体积份）	13（体积份）	16（体积份）	18（体积份）	19（体积份）	20（体积份）	22（体积份）	24（体积份）	25（体积份）
氧化物颗粒增强剂	1	1.2	1.5	1.9	2.3	2.8	3.2	3.6	3.9	4
去离子水	15（体积份）	16（体积份）	18（体积份）	20（体积份）	21（体积份）	23（体积份）	25（体积份）	27（体积份）	29（体积份）	30（体积份）
黏结剂	2	2.1	2.3	2.7	3	3.5	4	4.5	4.8	5
腐蚀抑制剂	1	1.1	1.3	1.6	1.8	2	2.3	2.6	2.9	3
分散剂	0.1（体积份）	0.2（体积份）	0.4（体积份）	0.6（体积份）	0.9（体积份）	1.1（体积份）	1.3（体积份）	1.6（体积份）	1.9（体积份）	2（体积份）
增稠剂	0.1	0.2	0.3	0.5	0.7	1	1.2	1.5	1.8	2

铝锌硅合金粉

原料	配比（质量份）														
	1#	2#	3#	4#	5#	6#	7#	8#	9#	10#	11#	12#	13#	14#	15#
Zn	35	36	37	39	41	43	45	47	49	51	53	55	56	57	58
Si	4	3.9	3.8	3.6	3.2	2.8	2.5	2.2	1.8	1.5	1	0.8	0.5	0.4	0.3
Ni	0.1	0.2	0.3	0.5	0.7	1	1.3	1.5	1.8	2	2.4	2.6	2.8	2.9	3
Mn	0.01	0.03	0.07	0.1	0.18	0.25	0.35	0.5	0.65	0.8	0.85	0.91	0.95	0.98	1
Al	余量	余量	余量	余量	余量	余量	余量	余量	余量	余量	余量	余量	余量	余量	余量

制备方法 取定量的腐蚀抑制剂，溶入定量的去离子水中，然后加入黏结剂、分散剂、有机溶剂，搅拌使之溶解。在搅拌状态下，缓慢加入铝锌硅合金粉和纳米氧化物颗粒增强剂。然后加入增稠剂，搅拌过程中控制油浴的温度为 20～30℃，搅拌 0.5～1h。

原料介绍

所述的铝锌硅合金粉由 Al、Zn、Si、Ni 和 Mn 组成。

所述的有机溶剂优选乙二醇。

所述的黏结剂优选硼酸酯偶联剂。

所述的腐蚀抑制剂优选硼酸。

所述的增稠剂优选羟乙基纤维素。

所述的分散剂优选聚硅氧烷二丙二醇单甲醚。

所述的氧化物颗粒增强剂选自 Al_2O_3、SiO_2 中的一种或两种。

所述的铝锌硅合金粉的平均直径为 10～200μm。

产品应用 本品主要应用于海洋工程及近海风电等工业装备的防腐。

产品特性 本品具有许多优异性能，如优异的耐蚀性、优良的抗冲刷性能，且耐高热腐蚀性极好，涂层即使长时间置于高温条件下，其外观也不会变化。本品所制备的涂层与基体结合力强、耐腐性能优、耐磨性能好、使用寿命长。另外，涂层不但与金属基体有较强的附着力，而且与其他各种附加涂层也有较好的结合力，不只具有美观的亚光银灰色，还可以附加涂层成各种颜色。

配方 54　含砂稠油集输管线耐磨耐高温防腐涂料

原料配比

原料	配比（质量份）				
	1#	2#	3#	4#	5#
双酚 A 型环氧树脂 E-44	1	1	1	1	1
甲基苯基硅树脂	0.25	0.26	0.27	0.24	0.23
二甲苯	0.25	0.26	0.27	0.24	0.23
二丙酮醇	0.12	0.13	0.14	0.11	0.1
环己酮	0.12	0.13	0.14	0.11	0.1
二元羧酸二甲酯	0.12	0.13	0.14	0.11	0.1
聚醚改性甲基烷基聚硅氧烷（KL-307）	0.05	0.06	0.07	0.04	0.03
γ-甲基丙烯酰氧基丙基三甲氧基硅烷（YDH-570）	0.0125	0.02	0.03	0.04	0.01
1250 目二氧化钛	0.17	0.16	0.15	0.18	0.19
800 目沉淀硫酸钡	0.17	0.16	0.15	0.18	0.19
800 目灰色铁钛粉	0.33	0.3	0.25	0.2	0.4
1250 目气相二氧化硅	0.125	0.02	0.03	0.04	0.01
1250 目硅灰石粉	0.375	0.3	0.25	0.2	0.4
2500 目纳米氧化铝粉	0.03	0.02	0.04	0.05	0.01
2500 目二硫化钼	0.02	0.01	0.03	0.04	0.05

制备方法

(1) 按原料配比将双酚 A 型环氧树脂 E - 44 和甲基苯基硅树脂加入到二甲苯、二丙酮醇、环己酮、二元羧酸二甲酯的混合溶剂中，加以分散溶解，常温下高速搅拌，搅拌速度为 2500r/min，在搅拌的情况下加入聚醚改性甲基烷基聚硅氧烷、γ - 甲基丙烯酰氧基丙基三甲氧基硅烷。分散均匀后，在搅拌情况下依次加入 1250 目二氧化钛、800 目沉淀硫酸钡、800 目灰色铁钛粉、1250 目气相二氧化硅、1250 目硅灰石粉、2500 目纳米氧化铝粉、2500 目二硫化钼，分散均匀。

(2) 用砂磨机研磨 1.0 ~ 1.5h 步骤 (1) 混合物制成，使用时涂料涂覆后固化形成防腐涂层。

原料介绍　所述的甲基苯基硅树脂，选用的是有三官能团的甲基苯基硅树脂，三官能团的摩尔分数在 45% ~ 65% 之间。

所述的二元羧酸二甲酯是 C_4 ~ C_6 混合二元羧酸二甲酯。

所述的聚醚改性甲基烷基聚硅氧烷是流平剂 KL - 307 聚醚改性甲基聚硅氧烷。

所述的 γ - 甲基丙烯酰氧基丙基三甲氧基硅烷的牌号是 YDH - 570。

产品应用　本品主要应用于油田集输管线防腐，避免集输管线穿孔而致使管线的耐压能力下降。

产品特性

(1) 本品涂层具有优良的耐高温腐蚀性能、耐磨性能，其附着力、韧性、耐原油腐蚀性优异。

(2) 本品制造工艺简单，不需特殊设备，价格较低。

配方 55　含有纳米核壳结构聚吡咯的水性导电防腐涂料

原料配比

纳米核壳结构聚吡咯

原料	配比（质量份）											
	1#	2#	3#	4#	5#	6#	7#	8#	9#	10#	11#	12#
去离子水	200	200	200	200	200	200	200	200	200	200	200	200
$FeCl_3$（溶解在 40 份去离子水中）	20.4	7.8	37.2	37.2	7.8	24.8	20.4	7.8	30.6	10.2	23.4	24.8
阳离子表面活性剂十六烷基三甲基溴化铵（CTAB）	10.2	6.8	13.6	6.8	10.2	13.6	6.8	10.2	13.6	6.8	10.2	13.6
助表面活性剂正戊醇	6	4	8	4	8	6	8	6	4	6	8	4
吡咯单体	4	2	6	2	4	4	2	6	2	6	4
碘单质	1.4	0.6	2.4	2.4	0.7	1.2	1.2	0.8	2.1	0.8	2.1	1.2
甲基丙烯酸甲酯（MMA）	7.41	5	8.96	15	3.71	7.41	5.97	2.99	15	5	8.96	7.41
过硫酸钾（KPS）（溶于 5 份水中）	0.41	0.2	0.63	1.05	0.15	0.52	0.24	0.21	0.83	0.2	0.63	0.41

纳米核壳结构聚吡咯的水性导电防腐涂料

原料	配比（质量份）											
	1#	2#	3#	4#	5#	6#	7#	8#	9#	10#	11#	12#
纳米核壳结构聚吡咯	5.5	15.25	25	5.5	15.25	25	25	5.5	8.5	6.4	20	15

续表

原料	配比（质量份）											
	1#	2#	3#	4#	5#	6#	7#	8#	9#	10#	11#	12#
水性丙烯酸树酯乳液（固含量为40%）	加至100	—	—	加至100	加至100	—	加至100	—	—	—	—	—
水性丙烯酸树酯乳液（固含量为60%）	—	加至100	—	—	—	—	—	—	加至100	加至100	—	加至100
水性丙烯酸树酯乳液（固含量为80%）	—	—	加至100	—	—	加至100	—	加至100	—	—	加至100	—

制备方法

（1）纳米核壳结构聚吡咯的制备：①在室温下向三口烧瓶中依次加入去离子水、阳离子表面活性剂十六烷基三甲基溴化铵（CTAB）和助表面活性剂正戊醇，并磁力搅拌形成表面活性剂的胶束溶液；②将吡咯单体（Py）滴加到步骤①配制好的胶束溶液中；③向三口烧瓶中加入碘单质；④将事先准备好的溶于去离子水的 $FeCl_3$ 逐滴滴入三口烧瓶中，在室温下对体系进行磁力搅拌，3h 后，吡咯的化学氧化聚合在胶束中完成；⑤向三口烧瓶中加入单体甲基丙烯酸甲酯（MMA），并将温度升至70℃水浴加热；⑥将配制好的过硫酸钾（KPS）溶液用恒压漏斗滴加到体系中，70℃恒温反应 3h，即得以碘掺杂聚吡咯为核、以聚甲基丙烯酸甲酯为壳的纳米核壳结构聚吡咯。

（2）复配：将步骤（1）纳米核壳结构聚吡咯洗涤、离心干燥后，加到水性丙烯酸树脂乳液中，搅拌分散均匀，即得纳米核壳结构聚吡咯的水性导电防腐涂料。其中，纳米核壳结构聚吡咯占水性丙烯酸树脂溶液质量的 5.5%～25%。

（3）将纳米核壳结构聚吡咯的水性导电防腐涂料涂覆或者喷涂在经除油和防锈处理的金属表面，涂层厚度控制在 20～200μm，室温固化即可。

产品应用　本品是一种含有纳米核壳结构聚吡咯的水性导电防腐涂料。

产品特性　纳米核壳聚吡咯复合粒子采用微乳液法合成，该方法实验装置简单，能耗低，操作容易，且制备的纳米粒子粒径均匀可控。

配方 56　厚浆型水性重防腐涂料

原料配比

原料	配比（质量份）							
	1#	2#	3#	4#	5#	6#	7#	8#
水性环氧树脂	300	300	380	300	300	300	300	300
BYK-346	0.8	0.8	0.8	0.8	0.8	0.8	0.8	0.8
铁红粉	150	150	150	150	150	150	150	150
云母氧化铁	250	—	250	250	250	250	250	250
去离子水	适量	适量	适量	适量	适量	适量	适量	适量
滑石粉	—	250	—	—	—	—	—	—
碳酸锌	120	—	—	—	—	—	—	—
磷酸锌	—	—	120	120	120	120	120	120
三聚磷酸铝	—	120	—	—	—	—	—	—
Rheolate 2001	3.5	—	—	—	3.5	3.5	3.5	3.5

原料	配比（质量份）							
	1#	2#	3#	4#	5#	6#	7#	8#
Rmpa－1075	—	3.5	3.5	3.5	—	—	—	—
水性改性胺固化剂	250	250	250	250	250	250	250	250

制备方法 以水性环氧树脂为主要成膜物质，以云母氧化铁或磷酸锌为防锈颜料，加入其余原料和适量去离子水，经研磨分散，并加入水性改性胺固化剂进行固化，得到双组分水性防腐涂料。

原料介绍 所述的水性环氧树脂是通过活性多元醇在催化剂作用下对双酚 A 环氧树脂进行改性后用水稀释制得，形成含活性树脂的亲水链段和含环氧基树脂的憎水链段相互交替排列的水性树脂。

所述的水性环氧树脂质量分数为 40% ~ 45%，活性多元醇质量分数为 5% ~ 10%，其余为水，反应温度控制在 100 ~ 120℃，反应时间为 8 ~ 12h，在反应结束加水时溶解，制成的水性环氧树脂固含量为 50% ~ 52%。其中，活性多元醇是聚乙二醇、聚丙二醇或聚丁二醇及其共聚二元醇，催化剂为酸酐或路易斯酸。

产品应用 本品主要用作厚浆型水性重防腐涂料。

产品特性 本品适合高压无气喷涂，单道漆涂装厚度达到 120μm 以上，而且涂层附着力好、干燥快，有着优异的耐水性能，耐中性盐雾达到 1000h 以上。本品原料成本低，来源广，易于工业化，且稳定性好。本品节约了能源，减少了环境污染，降低了制造成本。

配方 57   环保防腐抗静电涂料

原料配比

原料		配比（质量份）	
		1#	2#
环氧树脂 E－44		340	204
环氧树脂 E－20		40	36
丙烯酸树脂		20	—
填料	硫酸钡	70	42
	石英粉	40	—
	高岭土	—	24
	钛白粉	30	36
	纳米 SiO_2	3	3
	纳米 TiO_2	17	9
溶剂	DBE	15	9
	乙酸丁酯	120	78
	乙酸乙酯	45	—
	乙醇	—	39
分散剂		0.4	0.1

续表

原料		配比（质量份）	
		1#	2#
导电填料	导电 ATO	200	—
	导电钛白粉	20	—
	导电硫酸钡粉	40	—
	不锈钢粉	—	30
	导电云母粉	—	72
	镍粉	—	18
固化体系	聚酰胺	156	33
	脂环胺	50	84
	叔胺	6	2.4
	偶联剂	4	2.4
	乙醇	—	12
	乙酸丁酯	12	9
	乙酸乙酯	22	7.2

制备方法　取环氧树脂、丙烯酸树脂、填料、溶剂、分散剂、导电填料混合并高速研磨，分散后即可成第一组分；将固化体系混合制成第二组分；将第一组分与第二组分混合均匀即得环保型防腐抗静电涂料。

产品应用　本品主要用作防腐抗静电涂料。

产品特性

（1）应用纳米技术。纳米粒子由于具有表面效应、小尺寸效应、量子尺寸效应、宏观量子隧道效应等特殊效应，用于涂料可使涂层的光、磁、电、力学等性能得到提高或赋予其新的功能。

（2）本品所用化学试剂在涂层形成的反应过程中，参加了反应，成为了互穿网络的组成部分。

（3）优异的力学性能。本品涂料的黏结强度及耐磨性均能达到较高的水平。之所以有如此好的力学性能，是基于所采用树脂的改性、纳米技术的应用及形成类似"高分子合金"涂层的互穿网络结构。

（4）优良的防腐性能。本品涂料通过反应形成的涂层结构是互穿网络结构，所谓的互穿网络结构，即立体的、三维的结构，结构自身的每一个交联点是极性基团的键合。同时，所采用的是耐腐蚀类填料，因此，这个牢固的系统结构赋予了涂层的致密性，使涂层具有极强的抗渗透性和耐腐蚀性。

（5）使用寿命长。基于优异的力学性能、强耐腐蚀性能，本涂料形成的涂层具有持久耐用性。

配方 58　环氧防腐粉末涂料

原料配比

原料	配比（质量份）		
	1#	2#	3#
环氧树脂 E-12	45	50	55

续表

原料	配比（质量份）		
	1#	2#	3#
酚类固化剂 V-206	12	15	10
2-甲基咪唑	0.6	0.3	0.5
聚丙烯酸树脂	8	10	12
安息香	0.6	0.8	0.4
杀菌剂	5	2	4
钛白粉	9	12	15
硫酸钡	20	25	15
绢云母	5	2	3
酞菁绿	3	4	6

制备方法　首先将环氧树脂、酚类固化剂、2-甲基咪唑、聚丙烯酸树脂、安息香、杀菌剂、钛白粉、硫酸钡、绢云母、酞菁绿颜料计量后投入到高速混合罐中，混合搅拌两次，每次2min，混合好后放料送挤出机挤出［挤出机机身温度设置为：1区（86±3）℃，2区（105±5）℃］，压片成1~2mm的薄片，经风冷后压碎成小片，再经磨粉、分筛得到规定粒度的成品粉末。

产品应用　本品用于油田输油管道、注水管道内的涂覆。

产品特性

（1）本品具有长效的杀菌效果，可防止细菌附壁繁殖、结瘤。

（2）本品涂膜附着力强，抗冲击性强。

（3）本品涂层表面光滑，摩擦力小，可降低介质输送压力而节能，提高液体输送量5%以上（用于油管线）。

（4）本品可延长清管周期，减少清管次数，节约输送费用。

配方59　环保无溶剂带水带锈防腐涂料

原料配比

原料		配比（质量份）		
		1#	2#	3#
A组分	环氧树脂	26	30	20
	芳烃树脂	3.5	1.5	2
	钼酸锌	1.5	1.5	1.5
	三聚磷酸铝	25	30	25
	磷酸锌	—	16.5	1.5
	氧化铁红	20	—	20
	分散剂/附着力促进剂	2	2.5	2
	1250目云母粉	8	5	5
	膨润土防沉剂	2	2.5	2
	纳米 SiO₂	—	2	—
	聚酰胺蜡浆	1.5	—	—
	消泡剂	1.5	1.5	1.5
	沉淀硫酸钡	9	7	6

续表

原料		配比（质量份）		
		1#	2#	3#
B 组分	腰果壳油改性固化剂	15	20	15
稀释剂	脂环族缩水甘油醚	15	10	10

制备方法

（1）按原料配比将钼酸锌、三聚磷酸铝配制的带锈颜料和云母粉防锈剂、分散剂、膨润土、聚酰胺蜡浆防沉剂加入芳烃树脂，用高速搅拌机进行预混合。

（2）将氧化铁红和沉淀硫酸钡、纳米 SiO_2 惰性颜料以及消泡剂加入环氧树脂，进行预研磨，细度为 $50\mu m$。

（3）将步骤（1）及步骤（2）两种预备料混合研磨，细度为 $30\mu m$。涂装前与定量的固化剂混合，加入活性稀释剂调节黏度。

原料介绍　所述的 A 组分中的芳烃树脂来自改性复合树脂，产于江苏三木树脂厂，可增加涂料的耐水性、耐酸碱性。

所述的分散剂/附着力促进剂的有效成分为 γ - 氨丙基三乙氧基硅烷偶联剂。

所述的消泡剂的有效成分为改性有机聚硅氧烷类消泡剂。

所述的带锈涂料复合颜料的有效成分为按质量比（1～1.5）：（25～30）的钼酸锌和三聚磷酸铝，其中还添加有磷酸和/或氧化铁红，钼酸锌与磷酸锌和/或氧化铁红的质量比为 1：（10～15）。

产品应用　本品主要应用于船舶、火车、桥梁等钢结构重防腐工程。

产品特性　本品制备和施工简易，可在带锈带水钢结构上涂装，成本低廉，常温快速固化，能阻燃，力学性能和防腐性能优良，无溶剂，环保，对环境安全。

配方60　环保型聚苯胺改性云母氧化铁防腐涂料

原料配比

原料	配比（质量份）		
	1#	2#	3#
分散剂	0.5	0.5	1
流平剂	1	1	0.8
消泡剂	1	1	0.5
防流挂剂	0.5	0.5	0.6
颜料	2	2	2
填料	2	2	2
聚苯胺改性云母氧化铁	25	25	25
环氧树脂	40	—	—
酚醛树脂	—	—	50
醇酸树脂	—	85	—
溶剂	20	20	20

制备方法

（1）把分散剂、流平剂、消泡剂、防流挂剂、颜料、填料加入成膜物质和溶剂中，搅拌均匀（10～60min），然后在通用的涂料设备（如砂磨机或三辊机）中进行研磨，细度小于60μm后出料；

（2）在高速搅拌下把聚苯胺改性云母氧化铁加入上述混合物中，分散均匀（高速分散20～60min），得到环保型聚苯胺改性云母氧化铁防腐涂料；

（3）环保型聚苯胺改性云母氧化铁防腐涂料根据成膜物质的不同选择相应的固化剂，有些成膜物质不使用固化剂也可以成膜。

原料介绍　所述成膜物质是醇酸树脂、酚醛树脂、环氧树脂、聚氨酯树脂、氟碳树脂、过氯乙烯树脂、氯化橡胶或氯化聚乙烯。

所述云母氧化铁的粒径为200～1000目。

所述聚苯胺改性云母氧化铁是片状结构，组成为：表面包覆层为聚苯胺和植酸，内部是云母氧化铁；在包覆层中，聚苯胺和植酸均匀分布，聚苯胺占50%～99.98%，植酸占2%～50%。

所述防流挂剂是膨润土、蒙脱土、高岭土、气相二氧化硅之一或混合物。

所述分散剂、流平剂、消泡剂是涂料常用的助剂。

产品应用　本品主要用于石油化工设备、管道、海上石油平台、码头设施、船舶等的防腐工程。

产品特性　利用氧化聚合法在云母氧化铁表面形成聚苯胺包覆层，处理后的云母氧化铁对金属有钝化作用，云母氧化铁表面的植酸包覆层对金属也起到缓蚀的作用。

配方61　环保型乳化沥青管道防腐涂料

原料配比

原料	配比（质量份）		
	1#	2#	3#
去离子水	78.05	58.8	68
甘油	1.5	20	18.5
聚磷酸盐	0.5	1	0.8
苯并三唑	0.05	0.1	0.08
无水碳酸钠	0.3	0.6	0.5
多聚偏磷酸钠	1.5	2	1.52
硅酸钠	0.1	1	0.6
苯甲酸钠	1	1.5	1.2
三乙醇胺	0.5	10	5.6
六亚甲基四胺	3	5	3.2

制备方法

（1）将去离子水、甘油、聚磷酸盐（分散剂）、苯并三唑、无水碳酸钠、多聚偏磷酸钠、硅酸钠、苯甲酸钠、三乙醇胺、六亚甲基四胺于分散罐内搅拌，按顺序投料，每次投料间隔10min，全部投料结束再搅拌30～40min，停止搅拌。

（2）目测分散罐内原料是否混合充分，混合充分后用240目绢布过滤。

产品应用　本品主要用于管柱和管线的防腐，是一种高效环保的防腐涂料。

产品特性　本品防水性能优良，可用于复杂的基层；施工简单，柔韧性好；耐化学腐蚀性好，在酸雨、含硫气体、海水、土壤盐分的作用下可以长期保持稳定；

黏结力较强，可以在潮湿的基面上施工；有较好的防渗能力和低温抗开裂性。

配方62 环氧丙烯酸防腐涂料

原料配比

1. 基料制备

原料		配比（质量份）			
		1#	2#	3#	4#
丙烯酸酯单体	甲基丙烯酸甲酯	30	40	30	40
	丙烯酸丁酯	28	35	28	35
	丙烯酸异辛酯	12.5	14	12.5	17
	丙烯酸	5	2	5	2
环氧树脂 E-12		10	2	10	2
有机硅单体 KH-570		3.5	0.3	3.5	0.3
甲基丙烯酸对硝基苯酯		10	2	—	—
丙烯腈		—	—	10	2
引发剂 BPO		1.0	1.2	1.0	1.2
混合溶剂	二甲苯	50	50	50	50
	乙酸丁酯	50	50	50	50

2. 环氧丙烯酸防腐涂料制备

原料		配比（质量份）	
		1#	2#
基料		200	200
混合颜料色浆	磷酸锌	16.12	24.41
	三聚磷酸铝	16.25	—
	二邻甲苯硫脲	5.16	6.27
	氧化铁红	48.55	44.36
	氧化铁黄	32.37	24.57
	400 目云母氧化铁	48.55	44.36
混合溶剂		121.5	115.27
分散剂		2.5	2.5

制备方法

（1）在反应容器中加入二甲苯和乙酸丁酯混合而成的溶剂，升温到115℃，加入环氧树脂，保温1h，将引发剂与全部的丙烯酸酯单体、有机硅单体和甲基丙烯酸对硝基苯酯或丙烯腈混合，并搅拌均匀后加到上述体系中，2.5~3.0h加完，再保温1h。然后将剩余的引发剂溶于混合溶液后，加入反应容器中，1h内加完，再保温3h。降温后，即制得环氧、有机硅及硝基或氰基复合改性丙烯酸树脂基料，树脂固体含量为50%。

（2）称取环氧、有机硅及硝基或氰基复合改性丙烯酸树脂基料，同时加入颜料色浆、溶剂和分散剂，搅拌均匀制成环氧丙烯酸防腐涂料。

原料介绍 所述混合溶剂由芳烃、酯类、醇类、重芳烃组成，其质量比为（40~

55)：(15～35)：(10～25)：(5～15)。

产品应用 本品主要应用于底漆，是一种快干、防腐、力学性能好且无渗色现象的环氧丙烯酸防腐涂料。

产品特性 本品具有物理防锈作用，耐水性、耐盐雾性、耐湿性强。本品的柔韧性、抗冲击性等力学性能，以及附着力、干性都略优于环氧丙烯酸树脂配制的涂料。

配方 63　环氧玻璃鳞片防腐涂料

原料配比

原料		配比（质量份）				
		1#	2#	3#	4#	5#
A 组分	环氧树脂	38	28	—	—	—
	DEK-470 环氧树脂	—	—	25	—	—
	E-51 环氧树脂	—	—	—	31	—
	E-44 环氧树脂	—	—	—	—	35
	聚苯乙烯树脂	10	15	13	7	5
	缩丁醛树脂	10	8	15	5	12
	玻璃鳞片	30	35	25	33	28
	溶剂	10	13	20	17	15
	环氧大豆油	1.5	—	—	5	—
	苯甲醇	—	2	4	—	—
	邻苯二甲酸二丁酯	—	—	—	—	3
B 组分	聚酰胺	70	60	60	50	50
	溶剂	30	30	25	30	20
	A : B	5 : 1	6 : 1	5 : 1	6 : 1	4 : 1

制备方法 将 A 组分中各组分混合均匀，将 B 组分中各组分均匀混合。A 组分和 B 组分分别包装，使用时按比例混合均匀制得涂料。

产品应用 本品主要应用于各种地下、水下钢质管道的防腐，用于提高混凝土结构的性能，作为混凝土的防渗、耐磨、防滑层。使用时，A、B 两组分按 (4～6)：1 的比例混合即可。

产品特性 本品具有良好的抗介质渗透性和耐磨性。涂层坚韧、附着力强、机械强度高、防腐寿命长。本品一次涂覆可得到干膜厚度 100μm 以上的涂层，可常温涂覆，常温自然固化，施工简便。本品施工时无须添加衬里，也有很高的机械强度。

配方 64　环氧防腐涂料

原料配比

原料	配比（质量份）		
	1#	2#	3#
环氧树脂	35	40	43

续表

原料	配比（质量份）		
	1#	2#	3#
胺类固化剂	16	20	22
改性聚硅氧烷类流平剂	0.7	1	0.5
聚硅氧烷类消泡剂	0.05	0.07	0.08
分散剂	0.5	1	0.8
增韧剂	6	4	3
滑石粉	4	5	6
磷酸锌	10.73	4	5
三聚磷酸铝	4	7	3.61
云母粉	5	6.88	3
炭黑	0.02	0.05	0.01
重晶石粉	13	8	9
钛白粉	5	3	4

制备方法

（1）把环氧树脂及改性聚硅氧烷类流平剂、聚硅氧烷类消泡剂加入分散缸中，分散均匀。

（2）然后将适量的增韧剂加入到步骤（1）所得的树脂体系中，高速分散，将各种物质分散均匀。

（3）往步骤（2）的基料中加入分散剂，高速分散。

（4）待到步骤（3）结束后，降低转速，加入滑石粉、磷酸锌、三聚磷酸铝、云母粉、炭黑、重晶石粉、钛白粉，然后再高速分散。

（5）把步骤（4）所得的料研磨至细度小于 $60\mu m$，即可得所需要的涂料，研磨过程中温度控制在 $60℃$ 以下。

原料介绍　所述的增韧剂为丁腈橡胶、聚硫橡胶、端环氧基聚氨酯中的一种或几种。

产品应用　本品主要应用于饮用水管道、含腐蚀介质管道及储罐内壁的防腐。

产品特性

（1）本品一次性成膜厚度大，湿膜厚度在 $300\sim600\mu m$ 之间，无流淌现象，漆膜无毒，对水无污染。

（2）本品附着力强，漆膜与基材之间、漆膜与漆膜之间都有很好的附着力。

（3）本品具有极强的耐冲击性能。

配方 65　环氧改性耐高温防腐涂料

原料配比

原料	配比（质量份）		
	1#	2#	3#
E-44 型环氧树脂	25	25	25
665 型有机硅树脂	50	75	100
偶联剂 KH-560	2~3	—	—

原料	配比（质量份）		
	1#	2#	3#
钛白粉	100	150	180
白炭黑	30	40	50
滑石粉	10	20	25
三氧化二铬	5	10	10
二甲苯	适量	适量	适量
分散剂	适量	适量	适量
消泡剂	适量	适量	适量
流平剂	适量	适量	适量
附着力增进剂	适量	适量	适量
低分子量聚酰胺	25	25	25

制备方法

（1）将 E-44 型环氧树脂和 655 型有机硅树脂倒入装有冷凝装置和搅拌器的三口瓶中，开动搅拌，混合均匀后，加入偶联剂 KH-560，再加入催化剂升温到 120~130℃，在不断搅拌的情况下恒温反应 6h，制备耐高温防腐涂料的基料。

（2）将球磨好的过 300 目筛的钛白粉、白炭黑、滑石粉以及三氧化二铬加入到上述制备好的树脂基料中，并加入溶剂二甲苯，使其黏度适中，适宜涂刷。在上述混合料中添加分散剂、消泡剂、流平剂、附着力增进剂及低分子量聚酰胺，充分搅拌均匀。

原料介绍　所述的白炭黑、钛白粉、三氧化二铬等为颜填料。

所述的低分子量聚酰胺为固化剂。

产品应用　本品主要应用于化工、电力、能源以及军事领域，是一种用作大型舰船柴油发动机排气系统及与之相连上层建筑表面的环氧改性耐高温防腐涂料。

产品特性

（1）本品可以在常温下快速固化，涂层表干时间 4h，实干时间 24h。

（2）本品耐温高达 700℃，冷热交变性能好；固化后的涂层在 700℃的高温下热处理 1h，不起泡，不脱落；在 10~700℃温度区间内冷热交变 20 次，保持完好；有效解决了传统的防腐涂料冷热交变性能差的问题。

（3）本品防腐性能好，固化后的涂层在盐水中腐蚀 60d，涂层无变化。在模拟海水、酸、碱的腐蚀环境中保持完好。

配方 66　环氧煤沥青防腐涂料

原料配比

原料	配比（质量份）		
	1#	2#	3#
E-20 双酚 A 型环氧树脂	1	1	1
二甲苯	0.23	0.25	0.23
丁醇	0.11	0.13	0.11
丁酮	0.05	0.06	0.05

续表

原料	配比（质量份）		
	1#	2#	3#
煤沥青树脂液	0.7	0.75	0.75
氯化乙烯乙酸乙烯共聚物	0.25	0.27	0.27
沉淀硫酸钡	0.05	0.05	0.05
绢云母粉	0.01	0.01	0.01
滑石粉	0.008	0.008	0.008
有机膨润土	—	—	0.015
Ciba® RHEOVIS® 132	0.01	0.009	—
偶联剂 201	0.008	0.008	0.008
Ciba® EFKA® 3650 助剂	0.01	0.011	0.011
有机硅消泡剂	0.008	0.008	0.008
腰果酚醛胺	—	—	1
Kingcure 390CN75 酚醛胺	1	1	—
54K 环氧固化促进剂	0.12	0.12	—
乙醇	0.15	0.15	0.15
Ciba® TINUVIN® 460 光稳定剂	0.008	0.008	0.008
促进剂	—	—	0.12

制备方法

（1）在 E-42 双酚 A 型环氧树脂中依次加入二甲苯、丁醇、丁酮、煤沥青树脂液、增韧树脂、沉淀硫酸钡、绢云母粉、滑石粉、缔合型流变控制助剂，高速分散 0.5~1h。

（2）用砂磨机研磨步骤（1）产物 0.5~1h。将研磨后的产品，依次加入异丙基三（二辛基焦磷酸酰氧基）酞酸酯、氟碳高分子化合物和有机硅消泡剂，然后高速分散 30min 制得 A 组分。在不锈钢料桶中，加入腰果酚醛胺、2,4,6-三（二甲氨基甲基）苯酚、乙醇、羟苯基苯并三唑类紫外光吸收剂，用分散机搅拌 30min 制得 B 组分。

（3）按 A∶B=10∶1（质量比）混合均匀后使用。

（4）把规定量的二甲苯加入反应釜中，在搅拌条件下不断把规定量的煤沥青加入反应釜中，保持反应釜温度在（105±5）℃，分散 5~8h 便制成煤沥青溶液。

原料介绍 所述的增韧树脂为市售的氯化乙烯乙酸乙烯共聚物；缔合型流变控制助剂为埃夫卡 132 流变剂（Ciba® RHEOVIS® 132）和有机膨润土；异丙基三（二辛基焦磷酸酰氧基）酞酸酯为南京曙光化工总厂的偶联剂 201；氟碳高分子化合物为埃夫卡 3650（Ciba® EFKA® 3650）；腰果酚醛胺为福清王牌精细化工有限公司的 Kingcure 390CN75；羟苯基苯并三唑类紫外光吸收剂为埃夫卡 460 光稳定剂（Ciba® TINUVIN® 460）；2,4,6-三（二甲氨基甲基）苯酚为深圳佳迪达化工有限公司的 54K 环氧固化促进剂。

产品应用 本品是一种用于 PCCP（预应力钢筒混凝土管）外壁的耐光柔性环氧煤沥青防腐涂料，可以一次成膜，干膜厚度超过 500μm，可直接在初凝的或潮湿的混凝土表面施工。

产品特性

（1）本品具有优良的附着力、韧性、耐化学腐蚀性和一定的抗光老化性能，涂层一次成膜可达500μm以上，同时可直接在初凝的混凝土表面施工固化。本品用于PCCP外壁防腐蚀，具有施工方便、节省工期、降低施工费用的作用。

（2）本品的制备工艺简单，不需特殊设备。

配方67　环氧耐油导静电防腐涂料

原料配比

原料		配比（质量份）		
		1#	2#	3#
A组分	环氧树脂	45	55	65
	铁黄	—	8	—
	滑石粉	—	15	—
	铁粉	—	7	10
	丁醇	—	15	—
	钛白粉	5	—	—
	沉淀硫酸钡	10	—	—
	导电云母粉	5	—	20
	二甲苯	10	—	—
	铁红粉	—	—	10
	环己酮	—	—	20
B组分	己二胺	10	10	10
	环氧树脂	6	8	10
	丙烯腈	5	7	10
A组分		100	100	100
B组分		15	15	15

制备方法

（1）按原料配比取环氧树脂、颜料、填料、导静电材料、有机溶剂。

（2）将步骤（1）的各组分混合均匀后进砂磨机研磨至≤30μm细度，得到环氧耐油导静电防腐涂料A组分，备用。

（3）改性环氧固化剂的制备：在干燥反应容器中加入己二胺，反应容器置于水浴中，在惰性气体保护下，水浴升温至70~80℃，升温后滴入己二胺质量0.6~1倍的环氧树脂，环氧树脂的滴速为3~4滴/s，环氧树脂滴完后继续反应1~2h，然后水浴温度降低至60~65℃，滴入己二胺质量0.5~1倍的丙烯腈，丙烯腈的滴速为3~4滴/s，继续反应1~2h，反应后取出产物，取出产物即为环氧耐油导静电防腐涂料B组分，备用。

（4）取步骤（2）得到的环氧耐油导静电防腐涂料A组分、步骤（3）得到的环氧耐油导静电防腐涂料B组分搅拌均匀，使得取出的环氧耐油导静电防腐涂料A组分质量与取出的环氧耐油导静电防腐涂料B组分的质量比为100∶（10~25），搅拌均匀后得到环氧耐油导静电防腐涂料。

原料介绍

所述的颜料为钛白粉、铁黄、铁红粉或者钛菁绿。

所述的填料为沉淀硫酸钡、滑石粉或者云母粉。

所述的导静电材料为导电云母粉或者金属粉。

所述的有机溶剂为二甲苯、丁醇、环己酮或者混合二元酸酯。

所述的惰性气体为氮气。

产品应用 本品主要应用于油罐内壁处理涂料技术领域。

产品特性 本配方制备方法得到的环氧耐油导静电防腐涂料由于使用了改性环氧固化剂，提高了耐水性，减少了污染。同时，采用的是非碳系导电材料，表面电阻为 $10^8 \sim 10^{11}\Omega$。利用本配方方法得到的环氧耐油导静电防腐涂料与普通的涂料相比，具有优异的防腐性能、耐化学介质性能、耐油性能、物理力学性能及耐水性能。

配方68 混凝土结构钢筋防腐涂料

原料配比

原料			配比（质量份）				
			1#	2#	3#	4#	5#
底漆	底漆A组分	环氧树脂1	22	20	19	19	22
		环氧树脂2	5	7	4	7	6
		铁红	15	—	—	10	—
		云母氧化铁	10	10	7	—	10
		三聚磷酸铝	—	8	6	4	8
		磷酸锌	8	—	—	4	—
		铁钛粉	—	—	12	—	—
		滑石粉	—	10	10	10	8
		沉淀硫酸钡	5	7	3	6	8
		云母	8	9	8	9	9
		防沉降剂	1	0.5	0.5	0.5	0.5
		流平剂	—	0.5	—	0.5	0.5
		分散剂	—	—	0.5	—	—
		溶剂	26	28	30	30	28
	底漆B组分	脂肪胺	—	60	100	50	25
		芳香胺	100	40	—	50	25
		聚酰胺	—	—	—	—	50
面漆	面漆A组分	环氧树脂1	22	20	19	19	22
		环氧树脂2	5	7	5	7	6
		铁红	10	8	8	5	3
		云母氧化铁	—	—	5	5	5
		玻璃鳞片	25	22	24	22	25
		沉淀硫酸钡	5	5	5	5	5
		云母	6	5	5	5	5
		滑石粉	—	—	—	4	—
		防沉降剂	1	0.5	0.5	0.5	0.5

原料			配比（质量份）				
			1#	2#	3#	4#	5#
面漆	面漆 A 组分	流平剂	—	0.5	0.5	0.5	0.5
		溶剂	26	27	28	27	28
	面漆 B 组分	脂肪胺	—	60	100	50	25
		芳香胺	100	40	—	50	25
		聚酰胺	—	—	—	—	50

制备方法

（1）底漆的制备：将环氧树脂与溶剂混合，待树脂全部溶解后，加入颜料、填料和助剂高速分散、研磨，制成底漆 A 组分。将底漆 B 组分中的各组分低速搅拌，混合均匀即得底漆 B 组分。将底漆 A、B 两组分按 20：（1～1.4）的比例混合均匀，熟化 10～15min 即可使用。

（2）面漆的制备：按照面漆 A 组分的配比，将环氧树脂与溶剂混合，待树脂全部溶解后，加入颜填料、助剂高速分散、研磨，加入玻璃鳞片，低速分散，制成面漆 A 组分。将面漆 B 组分中的各组分低速搅拌，混合均匀即得面漆 B 组分。将面漆 A、B 两组分按 20：（1.1～1.5）的比例混合，熟化 10～15min 即可使用。

原料介绍　所述的环氧树脂 1 选自环氧当量 300～1000 之间的环氧树脂。

所述的环氧树脂 2 是双酚 A 二缩水甘油醚、四溴双酚 A 二缩水甘油醚、氢化双酚 A 二缩水甘油醚、双酚 F 二缩水甘油醚中的一种或几种的混合物。

所述的颜料、填料为铁红、云母氧化铁、三聚磷酸铝、铁钛粉、磷酸锌、云母粉、沉淀硫酸钡、滑石粉中的至少三种。

所述的面漆中的玻璃鳞片粒径在 60～200 目之间，加入涂料前先用偶联剂进行预处理。所述的偶联剂为单烷氧基型钛酸酯、螯合型钛酸酯、环氧基硅烷、巯基硅烷、氨基硅烷中的一种。

所述的助剂为分散剂、流平剂、防沉降剂中的一种或几种的混合物。

所述的溶剂是甲苯、二甲苯、正丁醇、异丁醇、丙酮、甲基异丁基酮、丁酮的一种或几种的混合物。

产品应用　本品主要用于钢筋结构的防腐方面。钢筋防腐涂料的涂装：将钢筋采用酸洗或喷砂除锈和氧化皮，质量达到 Sa2.5 级，除去钢筋表面的油污、灰尘等杂质。处理干净的钢筋应及时涂上漆。涂料可以采用刷涂、滚涂、无气喷涂。将底漆、面漆 A、B 两组分分别混合均匀，熟化 10～15min 即可使用。按照两道底漆两道面漆的顺序施工，涂层总厚度控制在 180～300μm，常温条件下每天可涂 1～2 道。

产品特性　本品可以在室温下固化，固化后的涂层具有良好的附着力、抗渗性、耐碱性、耐盐雾性、耐磨性，可有效阻止混凝土内钢筋的锈蚀，延长钢筋的使用寿命。

配方 69　机械装备环保耐酸防腐涂料

原料配比

原料	配比（质量份）
腰果酚改性酚醛树脂	520

续表

原料	配比（质量份）
醇酸树脂	230
金红石型钛白粉	160
200#溶剂油	73
润湿剂	8
抗沉分散剂	5
消泡剂	2
高效复合催化剂	1.5
防结皮剂	0.5

制备方法 将各组分混合均匀即可。

本品是以工业腰果壳液（CNSL）作为主要原料，经过处理后，再加入桐油等原料，经醇解、酯化合成得到腰果酚改性酚醛树脂。高效复合催干剂是氧化聚合型催干剂，取代钴、锰、铅、锌、钙催干剂，简化生产工艺，降低了涂料中重金属含量。

产品应用 本品主要广泛应用于石油储罐、化工设备、桥梁、各种交通车辆底盘、船舶水线以上建筑物、钢结构、高架铁塔、暖气片、机械设备等方面。

产品特性 本品涂料具有环保、耐酸及耐磨的特点。

配方70 金属防腐耐磨涂料

原料配比

原料	配比（质量份）				
	1#	2#	3#	4#	5#
石油发酵尼龙 – 1212	100	200	100	100	100
环氧树脂 E – 12	—	15	5	5	—
二氧化钛	10	—	—	—	5
双氰胺	—	—	0.1	—	—
聚丙烯酸酯	0.8	—	—	—	1
石墨	—	10	5	8	—
三氧化二铝	—	—	10	—	—
抗氧剂 1010	0.3	—	—	—	—
聚乙烯醇缩丁醛	—	—	1	1	—
抗氧剂 168	0.2	—	—	—	—
光稳定剂 UV – 327	—	—	—	—	0.5

制备方法

制备方法一 取石油发酵尼龙 – 1212，装入溶解釜中，加入工业乙醇，在 1.2 ~ 1.8MPa 压力下，使尼龙全部溶解于乙醇之中，然后经冷却沉析、分离、球磨、过筛等工序，得到 150 ~ 250 目的尼龙。

将烘干的尼龙粒子投入冷冻粉碎机，往冷冻粉碎机中注入液氮，保持冷冻粉碎机内料箱温度为 – 130 ~ – 190℃，开启冷冻粉碎机，使尼龙粒子被粉碎成粉末状，然后过筛，得到150～250目的尼龙粉末。

将上述得到的石油发酵尼龙-1212粉末与其他组分按原料配比在球磨机中混合均匀，包装，即得到尼龙-1212粉末涂料。

制备方法二 按配方将石油发酵尼龙-1212粒子与环氧树脂E-12、抗磨剂、润滑剂、流平剂、抗氧剂、光稳定剂以及颜料等在捏合机中预混，然后在双螺杆挤出机中混合挤出造粒，烘干，投入冷冻粉碎机，往冷冻粉碎机中注入液氮，保持冷冻粉碎机内料箱温度为-130～-190℃，开启冷冻粉碎机，使尼龙粒子被粉碎成粉末状，然后过筛，得到150～300目的尼龙粉末涂料，包装成袋。

原料介绍 所述的润滑剂为二硫化钼、石墨中的一种或两种；抗磨剂为三氧化二铝、二氧化硅、碳化硼、三氧化二铬、铝粉中的一种或几种；流平剂为聚乙烯醇缩丁醛、聚丙烯酸酯中的一种或两种；抗氧化剂为抗氧剂1010、抗氧剂168中的一种或两种；颜料为二氧化钛、群青、炭黑中的一种或几种。

产品应用 本品可广泛用于金属管道、船舶、枪炮、受力摩擦金属导轨和水下作业器械等防腐耐磨场合。本涂料的涂覆方法：

（1）对底材进行预处理 如碳钢底材需进行脱脂→酸洗→磷化→喷砂→清洗；不锈钢需进行喷砂→清洗。

（2）喷涂 可采用火焰喷涂、高压静电喷涂、流化床涂覆等方法将粉末涂料涂覆于零件表面。

（3）后处理 如果采用高压静电喷涂或流化床涂覆方法，涂覆后，将零件置于烘箱中，在210～250℃下保温0.2～1.0h即可获得均匀的涂层。

产品特性 本品与金属的黏结性能优良，涂层的弹性和柔韧性突出，具有耐水、耐冲击、摩擦系数小、耐磨、噪声低等优异性能，可以提高机械的使用寿命和运行稳定性，克服了传统粉末涂料对高湿环境敏感或价格偏高的缺陷。

配方71 金属表面防腐涂料

原料配比

原料	配比（质量份）						
	1#	2#	3#	4#	5#	6#	7#
聚酚氧树脂	5	11	2	1	8	5	2
聚酰胺酰亚胺树脂	40	38	42	48	42	38	30
四氧化三铅	14	10	—	12	5	—	22
氟化铈	5	8	6	4	7	5	6
十六烷基三甲基溴化铵	3	1	3	2	1	3	2
二碱式亚磷酸铅	2	1	3	2	3	7	4
氧化铝	—	5	20	5	7	18	10
三氧化二锑	5	4	1	2	4	—	3
滑石粉	25	20	21	23	19	24	21
碳化硅	1	—	2	1	—	—	—
司盘-20	—	2	—	—	4	—	—
分散介质	250	250	250	250	250	250	250

制备方法　按配方称取固体填料，研磨至所需的粒度，加入1/3分散介质中；称取聚酚氧树脂、聚酰胺酰亚胺树脂、表面活性剂和其余原料，加入另外1/3分散介质中，使其溶解及与前面配料相混合；研磨后加入最后1/3分散介质进行共混，搅拌均匀即为防腐涂料喷剂。制备好的喷剂按常规方法将其喷涂在工件上，在常温下4~6h就可固化成涂层。

原料介绍　本涂料由黏结剂、固体填料、防锈添加剂、抗氧化剂、表面活性剂等成分组成。黏结剂采用聚酚氧树脂（分子量在10万~45万的超高分子量环氧树脂）和聚酰胺酰亚胺树脂，固体填料为滑石粉和碳化硅，防锈添加剂选用三氧化二锑和二碱式亚磷酸铅，抗氧化剂由氟化稀土 Pb_3O_4 和/或 PbO 组成。

选用聚酚氧树脂、聚酰胺酰亚胺树脂作为黏结剂，能使涂料在常温下快速固化，而且有较好的黏结强度，使耐温性、防腐性、耐大气老化性得到保证。

选用的表面活性剂是常温固化涂料的重要成分之一，可选用司盘-20、吐温-80、十六烷基三甲基溴化铵、胺化膨润土，最好选用十六烷基三甲基溴化铵。

配方中的黏结剂、改性剂、固体填料、防锈剂、抗氧化剂等在未制成涂料前都是粉末固体或黏稠液体。因此，在制备防腐涂料时，需将其制成涂料喷剂后再进行喷涂，具体的制备方法就是把配方中的固体颗粒分散于被分散介质溶解的黏结剂、改性剂的共混介质中，通过充分研磨后，制成浆状物喷剂。分散介质选用有机溶剂，即二甲苯（甲苯）、丁酮、二甲基甲酰胺、二氧六环的混合液。之所以分散介质选用此四种溶剂，是充分考虑到固化时间、黏结强度等因素。

本配方选用的固体填料、防锈剂、抗氧化剂等固体料纯度要求大于90%，粒度在10μm以下。

产品应用　本品适用于各种金属表面的防腐与防锈，如建筑、冶金、医药、化工、电厂、油田管道等，尤其适用于露天搁置、潮湿环境大量使用的机械设备，经常接触海水盐雾的钻井平台等，以及用于长期处于酸碱等腐蚀性汽体和在高温蒸汽环境下的化工设备的防腐防锈。本品适合喷涂在各种碳钢、不锈钢、合金钢、铜、铝、镁及其合金、铸铁等材质的机加工表面和研磨表面，也可喷涂在喷砂、磷化、阳极氧化、钝化的金属材料工件表面。

产品特性　本品为单组分涂料，常温固化，固化时间短，使用温度范围宽，可在-60~220℃下使用。经技术指标测试，具有黏结强度高、柔韧性好、耐盐雾、耐沸水及弱碱腐蚀、抗冲击性强、耐热性好等特点。

配方72　交联型防腐涂料

原料配比

含羟基高氯化聚乙烯树脂

原料	配比（质量份）		
	1#	2#	3#
高氯化聚乙烯树脂（含氯量≥65%）	25	25	25
二甲苯	20	20	30
260溶剂	—	7.5	10
乙酸丁酯	8	—	—

原料	配比（质量份）		
	1#	2#	3#
正丁醇	—	—	5
乙二醇丁醚	7	7.5	5
羟基硅丙树脂	30	—	—
醇酸树脂（羟基2.1%）	—	40	—
E－12环氧树脂（环氧值0.09～0.14eq/100g）	—	—	25

制备方法　将高氯化聚乙烯树脂（含氯量≥65%，分子量35000左右）、二甲苯、乙酸丁酯、正丁醇、260溶剂、乙二醇丁醚混合，以950～1100r/min转速进行分散溶解，再加入羟基硅丙树脂（羟基2.0%～3.5%，黏度500～600mPa·s）、醇酸树脂（羟基2.1%，固体含量50%）或E－12环氧树脂（环氧值0.09～0.14eq/100g），分散搅拌，制成含羟基高氯化聚乙烯树脂。产物含不挥发物45%，1#黏度为400mPa·s，2#黏度为350mPa·s，（3#）黏度为200mPa·s。

交联型高氯化聚乙烯涂料

原料	配比（质量份）		
	4#	5#	6#
A组分			
含羟基高氯化聚乙烯树脂（1#）	60	—	—
含羟基高氯化聚乙烯树脂（2#）	—	55	—
含羟基高氯化聚乙烯树脂（3#）	—	—	55
钛白粉	17	6	—
炭黑	0.3	—	—
酞菁绿粉	—	4	—
氧化铁红	—	—	10
防锈颜料	—	—	8
云母粉	1	5	4
沉淀硫酸钡粉	1	7	—
超细滑石粉	0.7	3	3
分散剂	0.5	0.5	0.5
流平剂	1	1	1
消泡剂	0.5	0.5	0.5
260溶剂	6	8	6
二甲苯	—	5	8
乙酸丁酯	6	5	4
乙二醇丁醚	6	—	—
B组分			
TDI三聚异氰酸酯	30	—	—
HDI缩二脲加成物	—	30	—
TDI加成物	—	—	25
A:B	1:0.3	1:0.3	1:0.25

制备方法 将含羟基高氯化聚乙烯树脂与配方中的其他原料混合，以 1200r/min 的转速分散 30min，用砂磨机研磨，使细度≤45μm，即得 A 组分色浆料。然后将 A 组分与 B 组分按配方比例分别进行包装，即得双组分的交联型高氯化聚乙烯树脂涂料。该涂料固体含量为 45%，耐冲击为 50cm，柔韧性为 1mm，附着力为 1 级。

产品应用 本品适用于污水工程钢结构，也适用于海水中、海岸上或河流中的钢结构。

产品特性 本交联型高氯化聚乙烯树脂涂料含芳烃类溶剂少，毒性低，施工涂装方便。由于含羟基高氯化聚乙烯树酯分子上的羟基与加成物分子上的异氰酸根织成交联密度很高的立体网状结构，因此，涂料成膜后具有优异的涂膜柔韧性、附着力、耐冲击性、耐候性及抗蚀性，透明，机械性能好。

配方 73　具有优异耐水性和耐盐雾性水性环氧防腐涂料

原料配比

原料		配比质量份		
		1#	2#	3#
水性环氧乳化剂	聚乙二醇 4000	33.6	33.6	33.6
	均苯四甲酸酐	5.5	5.5	5.5
	二甲苯	10	10	10
	催化剂 N, N-二甲基苯胺	0.05	0.05	0.05
	三乙醇胺	1.0	1.0	1.0
	丙二醇甲醚	20.0	20.0	20.0
	软化水	16.9	16.9	16.9
A 组分	水性环氧乳化剂	6.8	8.5	9.0
	环氧树脂 E-20	44	42.0	50.0
	丙二醇甲醚	3.0	3.0	3.5
	软化水	16.9	46.0	40.0
	BYK-021	0.3	0.2	0.2
	BYK-346	0.5	0.3	0.6
水性环氧固化剂	三乙烯四胺	10.4	10.4	10.4
	环氧树脂 E-51	14.0	14.0	14.0
	苯基缩水甘油醚	9.8	9.8	9.8
	硅烷偶联剂 KH-560	1.0	1.0	1.0
	乙酸	2.0	2.0	2.0
	软化水	57.3	57.3	57.3
B 组分	水性环氧固化剂	15.6	14.0	18.0
	磷铬酸锌	17.7	16.0	19.0
	钛白粉	12.7	12.0	15.0
	体质填料	20.1	22.6	16.6
	BYK-190	0.3	1.0	1.2

续表

原料		配比质量份		
		1#	2#	3#
B组分	BYK-021	0.5	0.2	0.3
	BYK-346	2.0	0.4	0.6
	软化水	30.1	32.8	27.8
	防闪锈剂 FA-179	1.0	1.0	1.5
A组分		40	40	42
B组分		60	60	58

制备方法

(1) 水性环氧乳化剂的制备：在三口瓶中加入聚乙二醇4000、均苯四甲酸酐、二甲苯，升温到120℃反应2h后，再加入催化剂 N，N-二甲基苯胺，升温到150℃反应5h，加入少量的三乙醇胺进行中和，再加入丙二醇甲醚和软化水，降温，出料，制得水性环氧乳化剂。

(2) A组分的制备：将水性环氧乳化剂、环氧树脂E-20、丙二醇甲醚加入烧杯中，加热到50℃溶解均匀，在高速搅拌下缓慢加入软化水，再高速分散30min，降温，出料，加入消泡剂BYK-021和流平剂BYK-346，搅拌10min，出料，得A组分。

(3) 水性环氧固化剂的制备：在三口瓶中加入三乙烯四胺，搅拌升温至60℃，滴加环氧树脂E-51，0.5h加完，然后保温反应2h，再在该温度下加入苯基缩水甘油醚和硅烷偶联剂KH-560，0.5h加完，保温反应2h后，加入少量的乙酸中和，加软化水兑稀，降温，出料，得水性环氧固化剂。

(4) B组分的制备：在烧杯中加入水性环氧固化剂、BYK-021、BYK-346、BYK-190、钛白粉、体质颜料、磷铬酸锌和软化水等，搅拌均匀后研磨至细度小于30μm，过滤，加入防闪锈剂FA-179，搅拌10min，出料，得B组分。

(5) 水性环氧防腐涂料的制备：取一定量的A、B两组分，混合均匀后，得水性环氧防腐涂料。测试涂料及成膜后的相关性能：耐水性、耐盐雾性、力学性能等。

产品应用　本品主要应用于压载水舱、饮水舱、货舱、海水淡化厂、储槽、桥梁及市政工程的混凝土基材上，具有低VOC含量、较小的气味、使用安全、可用水清洗等特点。

产品特性　本品通过在水性环氧乳化剂分子结构当中引入双酚A链段、羧基、环氧基，使得乳化剂具有较好的乳化能力，用该乳化剂制得的水性环氧乳液粒径较小。同时，乳化剂本身可参与固化反应，消除了乳化剂组分对水性环氧防腐涂料耐水性的影响。

配方74　聚氨酯耐高温长效防腐涂料

原料配比

原料	配比（质量份）		
	1#	2#	3#
异氰酸酯树脂	10	15	20

续表

原料	配比（质量份）		
	1#	2#	3#
聚酯多元醇树脂	12	18	18
颜填料	55	50	40
溶剂	23	15	20
助剂	2	2	2

制备方法 所述的聚氨酯耐高温长效防腐涂料，其涂料由 A 组分的异氰酸酯树脂稀释液和 B 组分的聚酯多元醇树脂、颜填料、溶剂、助剂构成，将 A、B 两组分按 1∶3（质量比）配比混合，搅匀即可。

原料介绍 A 组分的异氰酸酯树脂是 TDI 与三羟甲基丙烷的加成物、HDI 缩二脲多异氰酸酯中的任一种。

B 组分的聚酯多元醇树脂是三羟甲基丙烷、苯二甲酸酐的缩聚物。

B 组分的颜填料是滑石粉、云母粉、云母氧化铁、玻璃鳞片中的一种或多种的组合。

B 组分的溶剂是二甲苯、环己酮、乙酸乙酯的组合。

B 组分的助剂是有机膨润土、气相二氧化硅、AT-203。

产品应用 本品主要用作耐高温长效防腐涂料。

产品特性 本品能够长期在 150℃的环境中使用；涂料常温固化，很快达到良好的力学性能，避免了搬运、施工等过程中的损坏；使用聚氨酯树脂为基料，使涂料具有良好的力学性能和耐化学品性，如优异的附着力、韧性及优良的耐酸、碱性；一次涂膜厚度 60μm，适宜做长效防腐，可在低温下施工。

配方75 聚氨酯防腐涂料

原料配比

原料		配比（质量份）		
		1#	2#	3#
A 组分	三羟基聚醚（羟值 52%，含水率 <0.001）	98	—	—
	三羟基聚醚（羟值 60%，含水率 <0.001）	—	102	—
	三羟基聚醚（羟值 56%±4%，含水率 <0.001）	—	—	98~102
	甲苯二异氰酸酯	23	25	23~25
	邻苯二甲酸二丁酯	16	18	—
B 组分	煤焦油	98	102	100
	石英粉	58	62	60
	蓖麻油	5	5	5
	二元胺 MOCA	4	4	4
底漆	甲苯二异氰酸酯	28	32	30
	丙酮	98	102	100
	三羟基聚醚	3	5	4

制备方法 采用各组分及底漆分别制备，在使用中将 A 组分与 B 组分按 1：2（质量比）混配，以底漆先行涂刷过渡的方式来进行。

产品应用 本品适用于埋置于地下的铁、钢管道等的防腐保护。

产品特性 本品制作工艺流程短、易于控制、操作稳定、成品率高，特别是将两种组分及底漆分别制备，可同时进行，所以适于大批量工业化生产。

配方 76　聚氨酯环氧沥青防腐涂料

原料配比

原料	配比（质量份）	
	1#	2#
A 组分		
多亚甲基多苯基多异氰酸酯 PAPI300#	15.5	—
多亚甲基多苯基多异氰酸酯 PAPI400#	—	18.1
聚醚 3030	4.8	—
聚醚 330	—	5.45
聚醚 635	1.13	—
聚醚 450	—	1.33
邻苯二甲酸二丁酯	—	3.69
邻苯二甲酸二辛酯	3.51	—
环氧树脂	1.45	—
E-44 环氧树脂	—	1.67
800 目云母粉	3.1	4.25
800 目石英粉	6.55	8.25
磷酸	0.0048	0.0059
溶剂 S1000#	9.06	—
工业二甲苯	—	9.6
B 组分		
中温煤焦沥青	22	26.6
4#石油沥青	0.048	—
5#石油沥青	—	0.059
环己酮	5.1	6.2
甲苯	4.1	5.3
溶剂 S1000#	3.85	—
工业二甲苯	—	4.5
800 目云母粉	3.1	—
云母粉	—	4.25
800 目石英粉	6.55	—
石英粉	—	8.25

制备方法 湿固化聚氨酯环氧煤沥青防腐涂料是由 A、B 两种组分按 1：1（质量比）混合而成。其中，A、B 两组分的制备过程如下：

A 组分的制备：按原料配比取各组分，于反应釜内 80 ~ 85℃ 反应 30 ~ 40min，120 ~ 142℃ 共沸脱水 40min ~ 1h，然后于 80 ~ 85℃ 保温 1.5 ~ 2h，降温后即得 A 组分。

B 组分的制备：按原料配比取各组分，于反应釜内 115 ~ 120℃ 反应 30 ~ 40min，然后于 110 ~ 120℃ 保温 1.5 ~ 2h，降温后即得 B 组分。

产品应用 本品用于燃气、煤气及给水、排水的埋地及架空钢质管道外防腐层涂覆。

产品特性 本品应用简便，应用性能好，使用费用低。

配方 77 聚苯胺环氧防腐涂料

原料配比

原料		配比（质量份）				
		1#	2#	3#	4#	5#
混合溶剂	二甲苯	42.5	—	60	42.5	100
	甲苯	—	25	—	—	—
	正丁醇	57.5	—	—	57.5	57.5
	异丁醇	—	75	—	—	—
	叔丁醇	—	—	40	—	—
A 组分	混合溶剂	100	100	100	40	—
	聚苯胺 - 凹凸棒石纳米复合材料	37.5	25	50	10	37.5
	环氧树脂（E - 44）	50	40	60	50	50
B 组分	无水乙醇	55	70	40	55	55
	聚酰胺（分子量 650）	45	30	60	45	45

制备方法

（1）制备混合溶剂：将甲苯和二甲苯中的一种，与正丁醇、异丁醇和叔丁醇中的一种混合，搅拌均匀即可。所述的甲苯和二甲苯中的一种的质量占混合溶剂总质量的 25% ~ 60%。

（2）制备 A 组分：先向 35% ~ 45% 的混合溶剂中加入 5% ~ 15% 的聚苯胺 - 凹凸棒石纳米复合材料，边搅拌边加热，再通过蒸馏的方法将体系中的水分脱除，得到固含量为 12.5% ~ 25% 的聚苯胺 - 凹凸棒石纳米复合材料有机分散体。向聚苯胺 - 凹凸棒石纳米复合材料有机分散体中加入 40% ~ 60% 环氧树脂，搅拌至环氧树脂充分溶解即可。

（3）制备 B 组分：向 40% ~ 70% 无水乙醇中加入 30% ~ 60% 胺类固化剂（聚酰胺），混合搅拌至固化剂充分溶解即可。

（4）将 A 组分与 B 组分按质量比 1：（0.5 ~ 1.2）混合搅拌 0.5 ~ 1h，即得聚苯胺环氧防腐涂料。

产品应用 本品是一种聚苯胺环氧防腐涂料。

产品特性

（1）聚苯胺 - 凹凸棒石纳米复合材料兼具聚苯胺和凹凸棒石的双重性质，在涂料体系中比纯聚苯胺更容易分散，并且可以使整个涂料体系的力学性能、耐老化性能、耐腐蚀性能等明显提高。

(2) 将聚苯胺 – 凹凸棒石纳米复合材料滤饼通过蒸馏脱水得到有机相的聚苯胺 – 凹凸棒石分散体,而不是将聚苯胺粉末直接加入有机溶剂中,大大减小了分散的难度,避免了复合材料在涂料中的团聚现象。

(3) 复合涂层具有较强的耐蚀性。因为在防腐涂层中,一是棒状纤维结构的聚苯胺 – 凹凸棒石在树脂中形成致密的网络,使得腐蚀介质扩散渗透到金属表面的途径变得曲折,大大延长了介质渗透的时间;二是聚苯胺与金属表面相互作用,使金属表面钝化,形成一层致密、稳定的氧化薄膜,阻止了金属的进一步氧化。

(4) 以挥发速率不同的混合溶剂作为分散介质,有效地控制了涂层有机溶剂的挥发速率,有利于形成致密涂层。

配方 78　聚苯胺防腐涂料

原料配比

原料		配比 (质量份)						
		1#	2#	3#	4#	5#	6#	7#
A 组分	双酚 A 型环氧树脂	25	—	—	—	—	—	—
	E – 20 环氧树脂	—	40	—	40	—	31	—
	E – 44 环氧树脂	—	—	30	—	—	—	—
	E – 51 环氧树脂	—	—	—	—	35	—	34
	不导电的本征态聚苯胺粉末	20	1	10	18	15	12	7
	二甲苯	30	—	—	20	—	—	50
	正丁醇	—	55	—	—	—	35	—
	甲基异丁基甲酮	—	—	40	—	45	—	—
	350 目活性硅微粉	20	—	—	—	—	—	—
	400 目活性硅微粉	—	1	—	—	—	—	—
	800 目活性硅微粉	—	—	15	—	—	—	—
	300 目氧化铁红	—	—	—	20	—	—	—
	500 目氧化铁红	—	—	—	—	3	—	—
	500 目活性硅微粉	—	—	—	—	—	18	—
	400 目氧化铁红	—	—	—	—	—	—	6
	KH – 560 偶联剂	1	2	1	0.5	0.5	1.3	0.6
	甲基硅油	2	0.5	2	1	0.5	1.2	1.4
	202P 防沉剂	2	0.5	2	0.5	1	1.2	1
B 组分	酚醛胺	20	40	30	25	38	30	35
	聚酰胺	80	55	67	71	60	66	63
	甲基异丁基甲酮	—	5	—	—	—	4	2
	正丁醇	—	—	3	4	2	—	—
	A∶B	10∶1	20∶1	15∶1	13∶1	18∶1	14∶1	16∶1

制备方法

(1) A 组分的制备:将环氧树脂与聚苯胺、稀释剂混合,加入球磨机中研磨 1~3h,

使聚苯胺高度分散；然后加入填料、偶联剂、消泡剂、防沉剂等，再研磨0.5~2h。

（2）B组分制备：将酚醛胺、聚酰胺和稀释剂等通过电磁或机械搅拌混合均匀。

（3）涂料的使用方法：将A组分与B组分按（10~20）∶1的质量比混合均匀，涂覆在预处理的金属表面，室温固化即可。

原料介绍 所述的环氧树脂为不同分子量的双酚A型环氧树脂；聚苯胺为不导电的本征态聚苯胺粉末，聚苯胺应研磨为直径10~1000nm的颗粒；稀释剂为二甲苯、正丁醇或甲基异丁基甲酮；填料为350~800目活性硅微粉或300~500目氧化铁红；防沉剂为202P；消泡剂为甲基硅油；偶联剂为K-560。

产品应用 本品用于防腐。

产品特性 本品可在钢表面生成一层灰白色的、致密的Fe_2O_3薄膜，从而大幅度提高钢的腐蚀电位，同时大大减小其腐蚀电流，阻止和减缓了介质对钢的腐蚀，所得涂层具有很高的硬度和优异的耐磨性，可以在涂层受到划伤后，通过生成钝化膜而使裸露金属免于腐蚀。

配方79 聚合物带锈防腐涂料

原料配比

原料		配比（质量份）	
		1#	2#
A组分	甲苯二异氰酸酯	45	55
	脱水蓖麻油	55	45
B组分	苯乙烯	70	70
	过氧化环己酮	—	1.8
	过氧化苯甲酰	1.9	—
	对苯二酚	0.1	—
	对叔丁基邻苯二酚	—	0.2
	612-2环氧丙烯酸树脂	18	15
	624环氧树脂	10	—
	601环氧树脂	—	13
色浆	脱水蓖麻油	43	38
	氧化铁红	25	26
	锌铬黄	12	12
	磷酸锌	5	5
	氧化锌	5	6
	滑石粉	9	12
	环烷酸钴	—	0.8
	N,N-二甲基苯胺	0.9	—
	二丁基二月桂酸锡	0.1	—
	二甲基乙醇胺	—	0.2
A组分、B组分、色浆比例		1∶1∶0.8	1∶1.2∶0.8

制备方法 将上述三种组分按原料配比混合搅拌均匀，即为互穿网络聚合物带

锈防腐涂料。

产品应用 本品可作带锈防腐底漆，亦可作装饰防腐面漆。

产品特性

（1）本品有极好的带锈防锈作用。

（2）本品可使涂层具有极高的抗张强度、韧性、耐磨性和硬度。

（3）本品增强了涂膜的致密性和抗水、溶剂、电解质等介质的渗透能力。

（4）本品使涂层具有极好的附着力和优异的耐酸、碱、盐等化学介质的腐蚀能力。

（5）组成本品涂料的全部成分都可成膜，挥发性有机物少，涂膜厚，毒性小，是利于施工、利于环保的"绿色涂料"。

（6）本品涂膜光泽可达90%以上，有极好的装饰性，不仅可作带锈防腐底漆，亦可作装饰防腐面漆。

配方 80 聚吡咯－苯胺共聚物防腐涂料

原料配比

原料		配比（质量份）		
		1#	2#	3#
聚吡咯－苯胺共聚物	苯胺	9.3	9.3	9.3
	吡咯	3.35	3.35	1.7
	去离子水	100	100	100
		150	150	100
	过硫酸铵氧化剂	34	—	33
	三氯化铁氧化剂	—	32	—
	对甲苯磺酸	适量	适量	适量
A组分	E-44环氧树脂	10	10	10
	二甲苯	10	10	—
	环己酮	—	—	10
	甲基硅油消泡剂	0.1	0.1	0.2
	氟硅流平剂	0.1	0.1	0.1
	聚吡咯－苯胺共聚物	0.05	0.1	0.1
	碳化硅微粉	5	5	—
	氧化铁微粉	—	—	20
B组分	低分子量聚酰胺	30	40	30
	聚硫橡胶	6	10	6
	二甲苯有机溶剂	15	20	—
	环己酮	—	—	10
	A：B	3：1	5：1	3：1

制备方法

聚吡咯－苯胺共聚物的制备：

（1）按原料配比取苯胺、吡咯，加入到去离子水中混合，搅拌分散后得到均匀乳液，加对甲苯磺酸调整乳液 pH 值至4。

（2）按原料配比将氧化剂加入去离子水中，调整成浓度0.1~0.5mol/L的溶液，以10滴/s的滴速向上述乳液滴加氧化剂，并在冰水浴中反应10h，抽滤分离产物。

（3）将抽滤产物放入真空干燥箱，于50~100℃温度下连续干燥12h，再将产物取出，用研钵研细，放入去离子水中浸泡2h，并用去离子水反复洗涤至中性。

（4）洗涤产物再次干燥，研细即得聚吡咯－苯胺共聚物。

A组分的制备：

（1）按原料配比将环氧树脂与二甲苯有机溶剂混合，加入消泡剂、流平剂，机械搅拌均匀，得到黏度10~50s的树脂体系。

（2）按原料配比取聚吡咯－苯胺共聚物、无机填料粉末，加入上述树脂体系中，在球磨机中球磨分散1~4h，过滤即得A组分聚吡咯－苯胺共聚物防腐涂料。

B组分的制备：按原料配比取低分子量聚酰胺和聚硫橡胶混合，加入有机溶剂，制得固化剂，即B组分。

使用时，将防腐涂料A组分与B组分按（3~10）∶1的质量比混合即可。

原料介绍 所述的环氧树脂为E-20、E-35、E-44、E-51不同分子量的双酚A型环氧树脂。

所述的有机溶剂为乙醇、丙酮、二甲苯、环己酮或甲基异丁基甲酮。

所述的消泡剂为甲基硅油或脂肪酸烷基酯。

所述的流平剂为硅烷、氟硅或丙烯酸酯。

所述的无机填料为直径10nm~100μm的氧化钛、氧化硅、蒙脱土、氧化钙、硫酸钡、碳化硅或β-SiC。

产品应用 本品是一种聚吡咯－苯胺共聚物防腐涂料。

产品特性 本品防腐涂料性能优于常用的聚苯胺缓蚀剂功能化防腐涂料，价格低廉，使用方便。

配方81　聚醚聚氨酯海上重防腐涂料

原料配比

原料		配比（质量份）
弹性聚氨酯锌粉底漆A组分	聚醚多元醇	45
	吸水剂	5
	微粉二氧化硅	25
	滑石粉	15
	甲苯	15
	二甲苯	15
	多异氰酸酯（固化剂）	45
	平均粒径1~5μm的球形金属锌粉	365
弹性聚氨酯面漆B组分	聚醚多元醇	60
	滑石粉	32
	钛白粉	3
	吸收剂（沸石）	5
	多异氰酸酯（固化剂）	50

制备方法 将A、B组分分别混合均匀即可。

原料介绍　所述的底漆和面漆所用的聚醚多元醇是三羟甲基丙烷和环氧丙烷反应得到的产物，其羟基含量为 7.5%，羟基当量为 228，酸值为 0.3，黏度（20℃）为 1.2Pa·s。

所述的多异氰酸酯是二苯基甲烷 4，4′－二异氰酸酯（MDI）和三缩二丙二醇反应制得的改性 MDI 与 MDI 混合的产品，其异氰酸酯基含量为 24%，异氰酸酯当量为 173，黏度（20℃）为 0.15Pa·s。

产品应用　本品主要应用于海上、海滨、工业区等腐蚀严重环境的钢铁构造物，如海上采油平台、海上吊车、海上桥梁等海洋构造物及各种管线等。

使用方法：采用双口无空气喷涂，底材用喷丸或喷砂处理，也可在钢铁构造物上直接施工。

产品特性　涂膜具有快干性，面漆 30min 可完全固化，优于环氧沥青和环氧树脂涂料，大幅度缩短施工时间，即使在 -20℃ 的环境中，10h 也能充分固化。涂膜耐冲击、耐挠曲、耐磨、耐寒优于以前的重防腐涂料。

配方 82　抗光老化的环氧聚氨酯防腐涂料

原料配比

原料		配比（质量份）				
		1#	2#	3#	4#	5#
A 组分	环氧树脂	1	1	1	1	1
	含羟基聚酯树脂	0.35	0.33	0.36	0.37	0.39
	二甲苯	0.12	0.15	0.13	0.12	0.11
	乙酸丁酯	0.08	0.85	0.09	0.095	0.1
	钛白粉	0.12	0.12	0.13	0.14	0.15
	紫外光吸收剂	0.008	0.008	0.01	0.015	0.017
	滑石粉	0.08	0.09	0.085	0.06	0.055
	云母粉	0.08	0.08	0.085	0.06	0.055
	有机硅氧烷	0.01	0.01	0.015	0.02	0.03
	异丙基三钛酸酯	0.005	0.004	0.0045	0.0048	0.005
	聚有机羧酸盐	0.007	0.007	0.008	0.009	0.01
B 组分	二苯基甲烷二异氰酸酯	1	1	1	1	1
	缩二脲	0.6	0.65	0.75	0.85	0.9
	A∶B	4∶1	4∶1	4∶1	3.9∶1	4∶1

制备方法

（1）按原料配比将环氧树脂、含羟基聚酯树脂、二甲苯、乙酸丁酯加到反应釜中，加热反应釜温度至（100±5）℃，并高速分散至溶解，然后在溶解液中依次加入钛白粉、紫外光吸收剂、滑石粉、云母粉、有机硅氧烷、异丙基三钛酸酯、聚有机羧酸盐，高速分散 30min 后，用砂磨机研磨制得 A 组分。在二苯基甲烷二异氰酸酯中加入缩二脲，用分散机搅拌分散 30min 制得 B 组分。

（2）将 A 组分和 B 组分按质量比 A∶B=（4~4.2）∶1 混合均匀使用。

原料介绍　所述的环氧树脂是中等分子量，软化点在 50~95℃ 的双酚 A 型环氧树脂。

所述的含羟基聚酯树脂是玻璃转化点 T_g 为 40～80℃的含羟基聚酯树脂。

所述的钛白粉是金红石型钛白粉。

所述的滑石粉为 325～800 目。

所述的云母粉为 325～800 目。

所述的有机硅氧烷是 Afcona－2021、Afcona－2021。

所述的异丙基三钛酸酯，分子式为 $C_{51}H_{112}O_{22}P_6Ti$，分子量为 1311.13。

所述的聚有机羧酸盐是湿润分散剂 Afcona－5066，由埃夫科纳助剂有限公司（Afcona Additives Sdn. Bhd）制造并销售。

所述的二苯基甲烷二异氰酸酯市场上有产品销售，如烟台万华聚氨酯股份有限公司生产的 MDI－100。

所述的缩二脲是在尿素生产中，主要在高温蒸发阶段，由于尿素的缩合反应而生成的副产物。该产品为市售产品，代号为 N75。

产品应用　本品主要应用于化工厂、炼油厂等恶劣环境条件下的钢结构物的外防腐蚀。

产品特性　抗光老化环氧聚氨酯防腐涂料，不仅具有优异的抗化学介质侵蚀的性能，而且具有抗光老化性能，可用于腐蚀较严重的化工环境金属结构物的外防腐。此外，本品抗光老化环氧聚氨酯防腐涂料的制造方法及工艺简单。

配方 83　抗静电隔热防腐涂料

原料配比

原料		配比（质量份）
A 组分	聚天门冬氨酸酯 NH1520	28
	聚天门冬氨酸酯 NH1420	15
	金红石型钛白粉 R－706	22
	硅铝基陶瓷空心微珠	8
	纳米掺锑二氧化锡（ATO）	4
	掺杂聚苯胺	6
	流平剂 BRK－320	0.4
	消泡剂 BRK－A530	0.4
	分散剂 BRK－163	0.6
	防流挂剂 B_2O	0.6
	酞酸酯偶联剂	1.0
	混合溶剂	15
B 组分	脂肪族 HDI 三聚体 N3390	33～34
A∶B		100∶（33～34）

制备方法

（1）纳米掺锑二氧化锡 ATO 预处理：称取一定量已烘干的 ATO 粉体，加入一定量（1.5%）硅烷偶联剂和一定量（95%）乙醇中，经超声波分散 40min 后，移入带回流装置的三口瓶中搅拌 4h，于 80℃下真空干燥。在聚天门冬氨酸酯中加入预处理后的纳米 ATO 和分散剂，高速分散 6h，制得纳米 ATO 浆料。

（2）聚苯胺分散浆：在聚天门冬氨酸酯中加入高分子分散剂 1%，再加入 5% 的聚苯胺粉末，高速分散 2h 成浆料。

（3）按配方称量，投入聚天门冬氨酸酯、助剂、钛白粉、ATO 浆料、掺杂聚苯胺浆、溶剂等，高速分散，研磨至细度≤30μm，再加入空心微珠、防流挂剂，搅拌分散均匀，制得 A 组分。

（4）外购脂肪族 HDI 三聚体 N3390 为 B 组分。

（5）A、B 组分按 100∶（33～34）混合制成抗静电隔热防腐涂料。

原料介绍 所述 A 组分中的聚天门冬氨酸酯 NH1520 与 NH1420 的优选质量比为（2∶1）～（2.5∶1）。

所述 A 组分中的金红石型钛白粉颜料与硅铝基陶瓷空心微珠填料的优选质量比为（2∶1）～（3∶1）。

所述 A 组分中的纳米掺锑二氧化锡与掺杂聚苯胺的优选质量比为（3∶3）～（4∶2）。

产品应用 本品可广泛应用于户外钢铁结构的防腐保护、需要抗静电隔热防腐的石化设施涂装、电力机车的工业涂装、风电塔筒及风叶的保护、混凝土表面装饰防护、隧道翻修等领域。

产品特性 本品配方固含量高、硬度和凝胶时间可调、可厚涂、耐磨性优、耐黄变、对温湿度不敏感等，具有附着力强，抗静电性能强，且防腐性及隔热性能优良，不需专门喷涂设备施工等优点。

配方 84　抗静电防腐涂料

原料配比

合金粉体

原料	配比（质量份）			
	1#	2#	3#	4#
Al	40	39.45	39.5	49.1
Mg	37	30	20	17
Zn	23	30	39	33
Sn	—	0.5	0.5	0.8
Si	—	0.03	1	0.05
In	—	0.02	—	0.05

涂料

原料	配比（质量份）				
	1#	2#	3#	4#	5#
合金粉体	37.5	31.6	25.2	35	40
环氧树脂（E-44）	25	—	—	—	—
醇溶性热固酚醛树脂	—	34.2	—	—	—

续表

原料	配比（质量份）				
	1#	2#	3#	4#	5#
醇解蓖麻油预聚物	—	—	25.2	—	—
氯化橡胶和氯化石蜡（7∶3）	—	—	—	25.5	—
硅酸乙酯初期水解物	—	—	—	—	56.8
聚酰胺（T31）	6.2	—	—	—	—
溶剂（二甲苯∶丁醇 = 4∶1）	31.3	—	—	—	—
二甲苯	—	49.8	49.8	—	—
乙醇	—	34.2	—	—	3.2
混合芳烃	—	—	—	39.5	—

制备方法　合金粉体采用通用雾化工艺制备，即将 Al、Mg、Zn 金属块材经过配料、熔融、骤冷等工序得到合金块体，然后经球磨、碾压、筛分等机械方法制得 50μm 以下的合金粉体。另外，不定期在金属原料中加 Sn、Si、In，因此涂料中具有 Sn、Si、In 的成分。合金粉可制成包括多面体、准球体、片状在内的多种形状。

本涂料制备方法：将制备好的合金粉体、黏结剂、固化剂、溶剂或稀释剂混匀即可。

原料介绍　合金粉体的组分为 Al、Mg、Zn 和其他微量元素，其组成含量：Al 35% ~ 60%，Zn + Mg 40% ~ 65%，其他元素 0 ~ 1%。所述的 Mg 和 Zn 质量比为（0.5 ~ 2.5）∶1，所述的其他元素选自 Sn、Si、In 中的一种、两种或以上。

黏结剂包括环氧树脂、酚醛树脂、聚氨酯、氯化橡胶、聚丙烯、硅酸钠或正硅酸乙酯缩聚物。

固化剂包括胺类化合物、多羟基化合物、5% 浓度的磷酸，视成膜物的种类决定是否加入固化剂及加入固化剂的种类和数量。

溶剂或稀释剂是与所选用的树脂相配伍的水溶性溶液或有机溶剂，包括溶剂油、醇类、酮类、酯类中的一种、两种或两种以上的混合物。

为改善涂料层的柔韧和耐腐蚀性，还可加入涂料行业中常用的助剂。

产品应用　本涂料对钢材的涂层防护可同时起到屏蔽隔离作用与阴极保护作用，可以有效地抑制局部缺陷处的腐蚀，适用于各种金属设备和金属构件在各种水体、大气、土壤等腐蚀环境中的重防腐。

本涂料涂层在对底材实施阴极保护的同时，可不断释放出具有抑菌活性的锌离子，适用于医院床等用具、家庭厨房暖气管道的表面涂层，可满足人们随着生活水平的提高和健康意识的增强，对公共场所预防交叉感染的要求。

产品特性

（1）本涂料的屏蔽效果好，其原因有二：

① 合金粉体中 Al 的存在，使颜料表面与树脂紧密结合；

② 涂料中颜料体积浓度仅为临界体积浓度的 1/3 ~ 2/3，涂料涂层的抗菌素渗透性与富锌涂料相比大大提高了。

（2）本涂料可以在各种水质、大气和土壤中对钢铁材料产生阴极保护作用，其原因有二：

①颜料中的 Zn 和 Mg 的电化学电位比铁负，可以在腐蚀环境中先于铁溶解，从而对其实现阴极保护功能，其中在盐水介质中 Zn 的活性较高，在土壤和淡水介质中 Mg 的活性较高，于是，Al–Mg–Zn–X 合金粉体的电化学活性比纯锌或铝锌合金有所提高，使得本涂料在各种腐蚀环境中都能被激活而具有阴极保护性能。另外，合金中加入一定量 Mg，使得合金块具有易粉碎加工的性能。

②控制颜料体积浓度为临界体积浓度的 1/3 ~ 2/3，即颜料占涂层总体积的 22% ~ 44%，并控制涂层厚度为颜料粒径的 2 ~ 3 倍，这时涂层中合金粉体呈现半连续状态，这样可保证涂层导电性，涂层与底材有效接触时能够形成畅通的腐蚀电池的回路。

(3) 本涂料还具有抑菌性能，其原因在于在所有的具有抑菌活性的金属元素（银、金、铂、钯、铱、铜、锡、锑、铋和锌）中，锌是唯一具有足够化学活性，能够用作阳极材料，且其离子毒性与价格相对较低的金属。当锌作为涂料的颜料成分时，具有持久的阳极溶解活性，在对钢铁材料进行阴极保护的过程中不断地向环境介质释放出游离的锌离子，同时起到防腐和抗菌的作用。

(4) 本涂料还具有抗静电性能，这是由于涂料层中的合金粉体呈现半连续状态，这样，再加上合金粉体本身具有导电性，使得涂料层具有一定的导电性，涂层的体积电阻可达到 $10^5 \sim 10^7 \Omega \cdot m$，能够有效导走由于各种摩擦引起的静电，起到抗静电作用。

配方 85　抗高温环烷酸腐蚀有机涂料

原料配比

原料	配比（质量份）			
	1#	2#	3#	4#
硼酚醛树脂	24.00	26.00	26.00	25.60
漆酚硅树脂	—	—	—	16.00
甲基有机硅树脂	—	14.00	—	—
苯基有机硅树脂	—	—	10.00	—
石墨	20.00	12.00	11.00	11.00
云母	4.80	3.90	3.90	4.40
锆粉	—	4.20	9.20	—
硅粉	—	—	—	5.28
硅烷偶联剂	—	—	—	0.32
瓷粉	12.00	—	—	—
膨润土	2.20	0.40	0.40	1.00
溶剂	36.00	39.00	39.00	36.00
消泡剂	0.50	0.25	0.25	0.20
流平剂	0.50	0.25	0.25	0.20

制备方法　将固体树脂在溶剂中溶解，并搅拌混合均匀，高速分散下依次加入颜填料、助剂等，经物理研磨达到规定细度，用溶剂调整黏度，至达到产品技术要求。

原料介绍 所述的固体树脂为硼酚醛树脂、有机硅树脂、漆酚改性树脂之一或一种以上。

所述的硼酚醛树脂数均分子量为400。

所述的有机硅树脂为甲基有机硅树脂、苯基有机硅树脂之一或一种以上。

所述的漆酚改性树脂为由生漆中提取的漆酚经化学改性而得到的漆酚钛树脂、漆酚硅树脂之一或一种以上。

所述的颜填料为石墨、云母、锆粉、气相二氧化硅、硅粉、煅烧粉、膨润土之一或一种以上。

所述的助剂包括流平剂德谦（DEUCHEM）495，消泡剂德谦（DEUCHEM）3200、德谦（DEUCHEM）5500，硅烷偶联剂（含氨基、环氧基的硅烷偶联剂）之一或一种以上。

所述的溶剂为乙醇、正丁醇、乙酸乙酯、环己酮之一或一种以上。

产品应用 本品可应用于高酸值原油加工中高温环烷酸的金属换热设备和管道等。

产品特性 本涂料以有机涂层表面防护技术控制原油加工中高温环烷酸对金属的腐蚀，提高高温段炼油设备防腐能力，从而延长炼油设备的使用寿命。

配方 86 可喷涂厚浆型环氧重防腐涂料

原料配比

原料		配比（质量份）		
		1#	2#	3#
A 组分	改性环氧树脂	40	45	35
	邻苯二甲酸二丁酯	5	5	5
	烯丙基缩水甘油醚	6	6	6
	德谦6800	0.5	0.5	0.5
	AT-203	0.5	0.5	0.5
	气相二氧化硅	4	4	4
	石英砂	10	10	13
	云母氧化铁	23	20	23
	云母粉	11	9	13
B 组分	腰果壳油固化剂	35	—	—
	改性脂环胺固化剂	—	25	—
	曼尼希碱固化剂	—	—	20

制备方法 涂料由 A 组分的环氧树脂、增塑剂、活性稀释剂、消泡剂、润湿分散剂、触变剂、耐磨颜料、防锈颜料、防开裂颜料和 B 组分的环氧固化剂构成，将 A 组分搅拌均匀，然后按质量比 A∶B＝100∶（20～40）的比例搅拌均匀，熟化5～10min 即可。

涂料具体操作方法如下：

（1）表面处理合格后，在涂装环境满足要求的情况下，开始涂装。

（2）涂装前，将 A、B 组分混合均匀，熟化5～10min，喷涂施工，一道一次，成膜 400μm。

根据施工要求不同，可选用不同的环氧固化剂。对于适用期较长的，常温下可采用单管进料的高压无气喷涂机施工；对于适用期较短的，应采用双组分高压无气喷涂机施工；对于要求低温施工的，涂装前应对涂料进行加热。

原料介绍　所述的 A 组分中的环氧树脂是 E－44、E－51、E－54 中的一种或多种组合。

所述的 A 组分中的增塑剂是癸二酸二丁酯、磷酸三甲苯酯、邻苯二甲酸二丁酯、邻苯二甲酸二辛酯中的一种或多种组合。

所述的 A 组分中的活性稀释剂是正丁基缩水甘油醚、烯丙基缩水甘油醚、苯基缩水甘油醚中的一种或多种组合。

所述的 A 组分中的消泡剂是德谦6800、BYK－066N、BYK－A530 中的一种或多种组合。

所述的 A 组分中的润湿分散剂是 BYK－220s、BYK－405、AT－203 中的任一种。

所述的 A 组分中的触变剂是气相二氧化硅、聚乙烯蜡、有机膨润土中的一种或多种组合。

所述的 A 组分中的耐磨颜料是金钢砂、石英砂、刚玉、漂珠、片岩中的一种或多种组合。

所述的 A 组分中的防锈颜料是铁红、铁黑、云母氧化铁中的一种或多种组合。

所述的 A 组分中的防开裂颜料是云母粉、石棉粉中的任一种。

所述的 B 组分中的氧化固化剂是环脂胺类固化剂、腰果壳油固化剂、曼尼希碱固化剂中的一种或多种组合。

产品应用　本品主要用作可喷涂厚浆型环氧重防腐涂料。

产品特性　本品漆膜具有优良的附着力、硬度、耐磨性等性能；本品适用于不同条件下施工，可实现厚浆喷涂，一次成膜厚度可达 400μm；本品适用于多种条件下作业，如要求快速固化可采用双组分高压无气喷涂施工；本品在涂层性能方面，与环氧砂浆和熔结环氧粉末涂料相比，防腐性能相当或更优，施工较简单，容易控制；本品为无溶剂涂料，生产及施工过程中不产生污染物，符合环保要求，有利于施工现场的安全及涂装工人的劳动保护。

配方 87　纳米防腐涂料

原料配比

原料		配比（质量份）		
		1#	2#	3#
混合溶剂	二甲苯	50	60	65
	正丁醇	44	30	20
	乙酸乙酯	6	10	15
A组分	片状锌粉	58	—	—
	片状锌铝合金粉	—	30	—
	片状锌铝硅合金粉	—	—	68

续表

原料		配比（质量份）		
		1#	2#	3#
A组分	混合溶剂	40	62	30
	纳米氧化铈	2	—	—
	纳米氧化镧	—	1	1
	纳米氧化硅	—	2	—
	纳米氧化锆	—	5	—
	纳米氧化钛	—	—	1
B组分	环氧树脂	50	60	37
	混合溶剂	40	25	55
	有机硅偶联剂	6	10	3
	流平剂	4	5	5
C组分	胺类固化剂	50	60	37
	混合溶剂	45	25	48
	烷基偶联剂	3	7	13
	消泡剂	2	8	2

制备方法

（1）将 A、B 组分按 5∶1（质量比）混合，搅拌均匀，放置 5h 以上反应完毕。

（2）将 C 组分按 B∶C＝1∶1（质量比）称取，加入到反应后的 A、B 混合物中，搅拌均匀，放置 0.5h 后即可使用。

原料介绍　鳞片状锌基合金粉粒度为 $10 \sim 15 \mu m$；纳米级金属粉体材料包括氧化铈、氧化镧、氧化钛、氧化硅、氧化锆中的一种或几种，粒度为 $80 \sim 100 nm$。

产品应用　本品可广泛应用于冶金、化工、电力、管道等行业防腐，施工环境湿度应小于80%，不可在雨天、雪天或露天等潮湿环境下施工。

产品特性　本品具有抗蚀性能强，抗沉降性好，涂层光滑、平整且具有金属光泽；成本低、用量少；使用方便、便于施工、安全可靠等优点。

配方88　纳米复合水性隔热防腐涂料

原料配比

原料	配比（质量份）				
	1#	2#	3#	4#	5#
去离子水	14	10	10	10	11
水性丙烯酸乳液	55	56	55	58	55
复合铁钛粉	5	5	6	4	4
金红石型钛白粉	8	9.5	11	8	8
绢云母	5	5.5	5	7	6
空心玻璃微珠	5	7	6	6	6
水性纳米氧化锆浆料	2	2	2	1	5

原料	配比（质量份）				
	1#	2#	3#	4#	5#
防沉剂	0.1	0.2	0.1	0.15	0.1
防霉剂	0.1	0.1	0.1	0.15	0.1
润湿分散剂 A	0.3	0.3	0.5	0.5	0.4
润湿分散剂 B	0.1	0.1	0.1	0.2	0.15
防冻剂	1.5	2	1.5	1	1
成膜助剂	2.7	2.3	2	3	2
防闪锈剂	0.5	0.2	0.1	0.1	0.45
增稠剂 A	0.2	0.2	0.2	0.2	0.2
增稠剂 B	0.2	0.3	0.1	0.2	0.2
消泡剂 A	0.1	0.1	0.1	0.15	0.13
消泡剂 B	0.1	0.1	0.1	0.15	0.12
流平剂	0.1	0.1	0.1	0.2	0.15

制备方法

（1）在 100～400r/min 转速搅拌条件下，依次加入去离子水、润湿分散剂 A、润湿分散剂 B、消泡剂、防霉剂，搅拌 10min。在 600～800 r/min 转速搅拌下，加入防沉剂、复合铁钛粉、金红石型钛白粉、绢云母，然后在转速为 4500～5000r/min 下，高速分散 30min，直至细度达到 40μm 以下，在 100～400r/min 转速搅拌条件下搅拌 10min，即制得颜料浆。

（2）在 400～500r/min 转速搅拌条件下，在上述颜料浆中加入水性纳米浆料搅拌 10min，添加水性丙烯酸乳液，再加入空心微珠，搅拌分散 20min，使空心微珠充分分散，降低转速至 300～400r/min，加入消泡剂，搅拌 10min 消掉分散空心微珠产生的部分气泡，依次加入成膜助剂、防冻剂、流平剂、防闪锈剂、增稠剂，搅拌均匀即可，制得金属用纳米复合水性隔热防腐涂料。

原料介绍　所述的水性丙烯酸乳液为苯乙烯－丙烯酸共聚乳液、纯丙烯酸聚合乳液或有机硅－丙烯酸共聚乳液。

所述的润湿分散剂 A 为嵌段高分子共聚物、多价羧酸盐类聚合物和/或合成高分子类聚合物。

所述的润湿分散剂 B 为阴离子型润湿剂和/或非离子型润湿剂。

所述的增稠剂为非离子型疏水改性聚氨酯嵌段共聚物。

所述的消泡剂为矿物油类和/或有机硅类消泡剂。

所述的水性纳米浆料为水性纳米 ATO 浆料、水性纳米氧化锆浆料和/或水性纳米氧化铝浆料。

所述的空心微珠为空心陶瓷微珠和/或玻璃空心微珠。

所述的防锈颜料为以聚磷酸钛或聚磷酸铁为载体，复合硅基、钛基、铁基氧化物和氧化钇纳米粉体中的一种或多种的复合铁钛粉。

所述的防闪锈剂为碳酸铵、苯甲酸钠、亚硝酸钠、硅酸钠、磷酸钠和三乙醇胺中的一种或者多种。

所述的防沉剂为蒙脱土和/或气相 SiO_2。

产品应用　本品主要应用于金属制造的储运设备、石化设备、仓储屋顶等的防腐。

产品特性　本品属于一种环保型水性隔热防腐涂料，兼具优异的隔热性能和防腐性能。在对金属进行防腐保护的同时，提高了设施的隔热性能，节约了能源。本品将防腐颜料、空心微珠以及水性纳米功能浆料进行组合，在水性树脂体系中进行合理搭配，实现了水性的多功能化，同时也提升了水性涂料的防腐、隔热、耐酸、耐碱等多方面性能。本品施工简单方便，可以直接用水作为稀释剂，在金属表面进行刷涂或者喷涂施工。

配方89　纳米改性高固分聚氨酯防腐涂料

原料配比

原料	配比（质量份）		
	1#	2#	3#
羟基聚酯树脂	1	1	1
异氰酸酯固化剂	0.3	0.3	0.3
环氧树脂	0.15	0.15	0.20
金属铝粉	0.8	0.63	0.63
金属锌粉	—	0.27	0.27
添加剂	0.25	0.25	0.3
有机溶剂	适量	适量	适量

制备方法

（1）按照原料配比，称取片状金属粉与添加剂混合，在惰性气体保护下，用球磨机球磨15～20h（控制球磨温度为45～65℃），得到纳米级片状复合填料。

（2）将羟基聚酯树脂和环氧树脂混合均匀，加入步骤（1）纳米级片状复合填料和适量有机溶剂，机械搅拌混合均匀后加入异氰酸酯固化剂搅拌均匀，即得所述纳米改性高固分聚氨酯防腐涂料。

原料介绍　所述的纳米级片状金属粉的原料为铝、锌的一种或多种。原料配比中包括制备纳米改性高固分聚氨酯防腐涂料的主要原料，未包括过程中添加的添加剂和有机溶剂，添加剂和有机溶剂的种类及用量可由技术人员根据常识进行选择。本品关键在于在涂料组分中添加纳米级片状金属粉对涂料进行改性，所用羟基聚酯树脂、异氰酸酯固化剂、环氧树脂为常规用于防腐涂料的原料种类，技术人员可根据实际情况进行选择。其中，环氧树脂优选为双酚A型环氧树脂。

所述的添加剂为氧化铝、氧化钛之一或其混合物。

所述的有机溶剂为常规用于制备防腐涂料的有机溶剂，具体可为：乙酸丁酯、二甲苯之一或其混合物，优选乙酸丁酯、二甲苯体积比为1:（0.5～2）的混合物。

产品应用　本品主要用于金属和非金属材料的腐蚀防护。

产品特性

（1）所述涂料可室温或加热（60～100℃）固化，固体分含量达到75%，有利于环保。

（2）环氧树脂、羟基聚酯树脂及异氰酸酯固化剂混合而性能互补，提高了涂料的耐候性、耐腐蚀性和抗渗透性能。

（3）纳米片状填料的加入使涂层更加致密，涂层的耐腐蚀抗渗透性能显著提高，力学性能提高 2～3 倍。

（4）本品原料廉价、普通，工艺简单，成本低，利于工业化生产。

配方 90　纳米级水性无毒旧漆膜覆盖带锈防腐涂料

原料配比

原料	配比（质量份）	
	1#	2#
羟乙基纤维	1.5	1.5
无机膨润土	2.5	2.5
进口级丙二醇	20	20
醇酯	20	20
六偏硫酸钠	1	1
纳米级二氧化钛	30	30
纳米级二氧化硅	30	30
超细硅酸铝	50	50
氧化锌	5	5
超细沉淀硫酸钡	10	10
超细滑石粉	20	20
进口乳化胶液	600	600
Dynamix 颜料	40	40
水	110	110
碱溶胀增稠剂	5	5
缔合型增稠剂	2	2
聚钠分散剂	10	10
流平剂	3	13
闪锈剂	18	18
消泡剂	8	8
抗菌剂	2	2
乳化剂	3	3
稠化剂	9	9

制备方法　将羟乙基纤维、无机膨润土、进口级丙二醇、醇酯、六偏硫酸钠、纳米级二氧化钛、纳米级二氧化硅、超细硅酸铝、氧化锌、超细沉淀硫酸钡、超细滑石粉、进口乳化胶液、Dynamix 颜料、水、碱溶胀增稠剂、缔合型增稠剂、聚钠分散剂、流平剂、闪锈剂、消泡剂、抗菌剂、乳化剂、稠化剂加入混合罐中，在 800r/min 转速下搅拌 6～8h（夏季 6h，冬季 8h），混合均匀制得本品涂料。

产品应用　本品是一种纳米级水性无毒旧漆膜覆盖带锈防腐涂料，适用于各种旧漆膜覆盖带锈防腐作业。

所述的防腐涂料还可根据施工需要和专用稀释剂混合使用，所述的专用稀释剂含有水、进口乳化胶液、分散剂，其质量份为（按照 50 单位计算）：水 40 份、进口乳液 8 份、分散剂 2 份。稀释比例最高为 5%。

产品特性 该防腐涂料施工方便，可与任何一种传统涂料的旧漆膜黏结，涂膜耐高温（200～250℃），附着力及机械强度高，耐酸、碱、盐性能好，附着力强，抗锈能力强，有一定的锈层渗透性，韧性好，无毒、无味、不燃烧，环保、无污染，不沾水、不沾油、不沾污，灰尘、脏物不易黏附，抗老化，长期不变色、不褪色，施工工艺简单，施工用量少，施工成本较低。本品还可以配制成多种颜色，方便用户选用。

配方 91　耐强酸内防腐涂料

原料配比

原料	配比（质量份）	
	1#	2#
二甲苯	0.3	0.3
二丙酮醇	0.3	0.3
环己酮	0.4	0.4
环氧树脂	1	1
酚醛树脂	0.4	0.4
氧化铬绿	0.2	0.2
沉淀硫酸钡	0.2	0.2
石墨	0.1	0.1
聚四氟乙烯	0.05	0.05
聚丙烯酸酯共聚体溶液	0.01	0.01
烷基聚甲基硅氧烷溶液	0.01	0.01
聚酰胺蜡	—	0.02

制备方法 将环氧树脂加入到二甲苯、二丙酮醇、环己酮的混合溶剂中，加以分散溶解，再加入酚醛树脂，高速搅拌后，在搅拌的情况下加入氧化铬绿、沉淀硫酸钡、石墨、聚四氟乙烯、聚丙烯酸酯共聚体溶液、聚甲基烷基硅氧烷溶液、聚酰胺蜡，然后用砂磨机研磨 0.5～1h。

产品应用 本涂料可在93℃下耐15%盐酸、15%氢氟酸混合溶液，可应用于酸性气体集输管线及高含硫集输管线内壁的防腐。

产品特性

（1）涂层具有优良的附着力、韧性、耐磨性、耐热性和耐溶剂性，耐酸性优异。

（2）本涂料制造方法、工艺简单，不需特殊设备，价格比较低。

配方 92　耐候性环氧聚氨酯防腐涂料

原料配比

原料		配比（质量份）		
		1#	2#	3#
A 组分	双酚 A 型环氧树脂	1	1	1
	双酚 F 型环氧树脂	0.3	0.3	0.3
	含羟基饱和聚酯树脂	0.4	0.4	04

续表

原料		配比（质量份）		
		1#	2#	3#
A组分	氟碳树脂	0.2	0.2	0.2
	二甲苯	0.5	0.5	0.5
	乙酸正丁酯	0.4	0.4	0.4
	甲基异丁酮	0.12	0.05	0.14
	丁酮	0.08	0.1	0.13
	金红石型钛白粉	0.15	0.12	0.2
	滑石粉	0.15	0.11	0.18
	绢云母粉	0.12	0.2	0.1
	聚丙烯酸酯共聚体	0.015	0.012	0.015
	烷基聚甲基硅氧烷	0.011	0.013	0.026
	苯并三氮唑	0.02	0.03	0.07
	异辛酸锌	0.008	0.02	0.035
	气相二氧化硅	0.01	0.02	0.06
B组分	脂肪族聚异氰酸酯	1	1	1
	无水二甲苯	0.21	0.21	0.21
	乙酸正丁酯	0.21	0.21	0.21
A：B			1：0.25	

制备方法　将双酚A型环氧树脂、双酚F型环氧树脂、含羟基饱和聚酯树脂、氟碳树脂加入到二甲苯、乙酸正丁酯、甲基异丁酮、丁酮的混合溶剂中加以分散溶解，高速搅拌后，在搅拌的情况下加入金红石型钛白粉、滑石粉、绢云母粉、聚丙烯酸酯共聚体、聚甲基烷基硅氧烷、苯并三氮唑、异辛酸锌、气相二氧化硅，然后用砂磨机研磨0.5~1h制成A组分。由脂肪族异氰酸酯、无水二甲苯、乙酸正丁酯混合制成B组分。使用时，将A、B组分按1：0.25（质量比）混合。

原料介绍　本品为耐候性环氧聚氨酯防腐涂料，由双酚A型环氧树脂、双酚F型环氧树脂、含羟基饱和聚酯树脂、氟碳树脂混合溶液，加入少量的助剂和一定数量的耐候颜填料配制而成。在制造过程中使用的环氧树脂分子，结构中有大量的羟基、醚基和苯环等基团，在固化过程中活泼的环氧基能与界面金属原子反应形成极为牢固的化学键，增强了涂层与基材的附着力，并使涂层坚硬、柔韧性好。含羟基饱和聚酯树脂、含羟基氟碳改性丙烯酸树脂在提高漆膜的耐候性的同时，可与环氧树脂在固化成膜中形成互穿网络结构，增加了漆膜的致密性，提高了漆膜的耐磨性、耐候性及抗腐蚀性。颜料中使用的金红石型钛白粉、绢云母粉吸收紫外线的波谷达到85%以上，保护了高分子材料中的碳氢键，从而提高了漆膜的耐候性，延迟了漆膜粉化变色。绢云母粉的片状结构，延长了离子对漆膜的渗透路径，提高了漆膜的耐盐水和耐盐雾性能。

使用的苯并三氮唑为紫外光吸收剂，具有光屏蔽、吸收紫外光、猝灭激发态或捕获自由基等功能，能够抑制紫外光对高分子材料光降解作用。使用的聚丙烯酸酯共聚体溶液改进流平性和光泽，产生长波效应，并防止体系的缩孔。聚甲基烷基硅氧烷溶液降低了涂料体系的表面张力，改善了流动性和流平性，并有助于消除涂料中的气泡。使用的气相二氧化硅有助于改善涂料的触变性和施工性，提高涂料的储存稳定性。使用的促进剂异辛酸锌可以加快反应速率，形成稳定的漆膜。

产品应用 本品主要应用于室外需耐候、耐光老化及耐酸碱盐腐蚀的钢结构、管道及砼表面的防腐。

产品特性

（1）本品为耐候性环氧聚氨酯防腐涂料，其涂层具有优良的附着力、耐磨性、耐候性、耐光老化性及耐盐雾性。其中，人工加速老化试验达到1000h，人工加速耐盐雾试验达到1000h，涂层完好。

（2）本品的制造方法、工艺简单，不需特殊设备，价格比较低。

配方93 浅色导电重防腐涂料

原料配比

原料			配比（质量份）			
			1#	2#	3#	4#
A组分	双酚A型环氧树脂		26	32	38	45
	膨润土		8	5	12	8
	鳞片导电玻璃粉	鳞片导电玻璃粉	30	36	25	—
		镀液鳞片玻璃粉	—	—	—	40
	导电钛白粉FT-1000		8	12	15	4
	助剂	分散剂901F	1	0.5	2	1.5
		流平剂432	1	2	3	2
		消泡剂surfyonl DF-110D	3	1.5	0.8	2.1
		白炭黑M-5	4	3	2	3
	混合溶剂	二甲苯	15	5	10	10
		乙二醇丁醚（≥99.5%）	10	15	20	15
B组分	聚酰胺固化剂651		10	20	15	15
	异丙醇（≥99%）		62	56	68	75
	二甲苯		35	40	30	25

制备方法

（1）按原料配比进行称量，将双酚A型环氧树脂、膨润土、导电钛白粉、流平剂、白炭黑、消泡剂、二甲苯和乙二醇丁醚加入分散缸内，高速搅拌均匀后再加入分散剂，继续搅拌，使分散剂完全溶解；将上述分散缸调节为中速搅拌，将鳞片导电玻璃粉加入其内，搅拌至均匀漆浆；再使上述分散缸高速搅拌20～30min，按标准检验合格后以80目筛过滤包装，得到A组分。

（2）将聚酰胺固化剂升温至80～100℃，加入溶解锅中搅拌；将二甲苯、异丙醇加入上述搅拌的溶解锅中，继续搅拌，转速为600～800r/min，至完全溶解、混合均匀；按标准检验合格后，以80目筛过滤包装，得到B组分。

（3）使用时，将A组分与B组分按质量比为9∶1混合均匀即可。

产品应用 本品主要可广泛应用于石油、化工、建材、电子、船舶等各个领域的导电、防静电和防腐工程中，且具有易于施工、使用方便、成本低廉、环保等优点。

产品特性

（1）本品采用导电钛白粉为导电填料，由于其白度高，且具有很强的着色力，使涂料的调色性与着色力增加，可将本品调制成近白色等各种颜色的永久性导电、防静电涂料。

（2）本品所采用的鳞片导电玻璃粉是以玻璃鳞片为基质，采用化学镀膜技术，通过表面处理，使其基质表面形成导电性氧化层而制得的一种新型导电功能性填料。其外观一般呈浅色粉末，如灰白色或浅灰色粉末，所以更加保证了本品可调制成白色等各种颜色，使用不再受到限制，且更加方便。

（3）鳞片导电玻璃粉作为防腐导电涂料的防腐原料，本品在利用其防腐性能时，加入导电钛白粉作为导电填料，克服了采用其他导电填料（如石墨）对其防腐性能的不良影响，确保了本品具有重防腐性能。

（4）由于鳞片导电玻璃粉还具有导电性良好、电阻率低、价格低的特点，因此将鳞片导电玻璃粉与导电钛白粉组合，可降低电阻率，增加导电性能，且降低生产成本。

（5）特殊的原料组合，不仅具有浅色导电重防腐的特点，而且力学性能优异，自洁性、丰满度、耐老化性能佳。

（6）本品制备方法简单，易于实现流水线工业化大规模生产。

配方 94　浅色厚浆型环氧导静电防腐涂料

原料配比

原料		配比（质量份）		
		1#	2#	3#
A组分	SM6101 环氧树脂	25	30	35
	二甲苯-正丁醇混合溶剂	15	20	25
	改性聚硅氧烷消泡剂	0.1	0.2	0.45
	硅烷偶联剂	0.1	0.2	0.3
	DeuADDEA-87 导电剂	0.1	0.5	0.8
	Ultra 聚酰胺蜡粉	0.5	0.1	1.5
	导电云母粉	20	25	30
	膨润土	0.5	1.0	1.0
	沉淀硫酸钡	3.5	3.5	3.5
	钛白粉	6.5	6.5	6.5
	滑石粉	3.5	3.5	3.5
B组分	曼尼希改性芳脂加成物 D8190	20	25	30

制备方法

（1）A组分的制备：将环氧树脂、聚酰胺蜡粉、填充料、偶联剂、消泡剂、一部分溶剂稀释剂混合，进行高速分散，然后进入砂磨机研磨至规定的粒度要求（80μm）；将导电剂、一部分溶剂稀释剂混合进行高速分散，然后加入导电填料后加入上述混合物进行过滤，再经过高速分散、包装可得 A 组分。

（2）B组分制备：将曼尼期改性芳脂加成物搅拌均匀，然后过滤、包装即得到B组分。

（3）A、B组分按照规定比例进行混合使用。

原料介绍 所述的环氧树脂为E-44型环氧树脂。其环氧值为0.44，分子量为450。

所述的溶剂稀释剂为二甲苯-正丁醇，质量比为（5~10）∶3。

所述的消泡剂由毕克化学生产，牌号530。

所述的偶联剂为γ-缩水甘油醚氧丙基三甲氧基硅烷。

所述的导电剂由德谦公司生产，牌号DeuADDEA-87。

所述的聚酰胺蜡粉由法国克雷威利公司生产，牌号Ultra。

所述的导电填料为导电云母粉。

所述的填充料为膨润土∶600目沉淀硫酸钡∶钛白粉∶325目滑石粉=（0.5~1）∶（3~3.5）∶（5~8）∶（2~5）（质量比）的混合物。

所述的曼尼期改性芳脂胺加成物固化剂由上海君江化工有限公司生产，牌号为D8190。

产品应用 本品主要用作防腐涂料，是一种浅色厚浆型环氧导静电防腐涂料。

产品特性 本品具有优异的耐热性、耐油性、耐盐水性、耐盐雾性和耐酸碱性，导电性能稳定；涂层致密，附着力强，抗冲击性能好，耐化学品性能、防腐性能优异；本品涂料适用于汽油、煤油、柴油、煤气等储罐，输油、输气管线及各类化工设备的导静电防腐保护及涂层的修复等，具有一次性达到涂装厚度的特性。

配方 95　亲水涂层铝箔用高耐腐蚀水性防腐涂料

原料配比

原料		配比（质量份）					
		1#	2#	3#	4#	5#	6#
丙烯酸乳液		45	35	50	40	53	55
氨基树脂	R717	12	—	—	9	—	—
	R747	—	15	—	—	7	—
	R717 和 R747 混合物	—	—	10	—	—	5
流平剂	BYK-310	0.3	—	—	—	—	—
	BYK-306	—	1.0	—	—	—	—
	BYK-341	—	—	0.5	—	—	—
	BYK-310、BYK-341、BYK-306 混合物	—	—	—	0.8	—	—
	BYK-306 和 BYK-341 混合物	—	—	—	—	0.6	—
	BYK-310 和 BYK-341 混合物	—	—	—	—	—	0.1

续表

原料		配比（质量份）					
		1#	2#	3#	4#	5#	6#
消泡剂	BYK-035	0.2	—	—	—	—	—
	BYK-040	—	0.4	—	—	—	—
	BYK-073	—	—	0.6	—	—	—
	BYK-035、BYK-040、BYK-073 混合物	—	—	—	0.1	—	—
	BYK-040 和 BYK-073 混合物	—	—	—	—	1.0	—
	BYK-035 和 BYK-073 混合物	—	—	—	—	—	0.9
防冻剂	乙二醇	0.3	—	0.8	—	0.1	—
	丙二醇	—	0.5	—	0.6	—	1.0
成膜助剂	乙二醇丁醚	5	—	—	—	—	—
	丙二醇丁醚	—	7	—	—	—	—
	乙二醇丁醚、丙二醇丁醚混合物	—	—	—	12	—	—
	一缩乙二醇丁醚乙酸酯	—	—	10	—	—	—
	丙二醇丁醚、一缩乙二醇丁醚乙酸酯混合物	—	—	—	—	8	—
	乙二醇丁醚、一缩乙二醇丁醚乙酸酯混合物	—	—	—	—	—	14
水性环氧树脂		2.2	4	2	3	1.5	1
去离子水		35	37.1	26.1	34.5	28.8	23
丙烯酸乳液	苯乙烯	7	5	8	10	6	5.5
	甲基丙烯酸甲酯	5	6	7	4	6.5	9
	丙烯酸丁酯	6	5	7	8	4	4.5
	丙烯酸乙酯	5	6.9	4	4.6	7.5	6
	功能性单体甲基丙烯酸羟乙酯	6	—	—	—	—	—
	功能性单体甲基丙烯酸羟丙酯	—	5	—	—	—	—
	功能性单体丙烯酸羟乙酯	—	—	3.5	—	—	—

续表

原料		配比（质量份）					
		1#	2#	3#	4#	5#	6#
丙烯酸乳液	功能性单体甲基丙烯酸缩水甘油醚	—	—	—	4	—	—
	甲基丙烯酸羟乙酯和甲基丙烯酸羟丙酯混合物	—	—	—	—	7	—
	甲基丙烯酸羟丙酯和丙烯酸羟乙酯混合物	—	—	—	—	—	8
	丙烯酸	1.5	1	3	2	4	2.2
	乳化剂烯丙氧基壬基酚聚氧乙烯醚	1.3	—	—	—	—	—
	乳化剂壬基酚聚氧乙烯醚硫酸铵	—	1	—	—	—	—
	乳化剂烯丙氧基壬基酚聚氧乙烯醚磺酸钠	—	—	2	—	—	—
	烯丙氧基壬基酚聚氧乙烯醚、壬基酚聚氧乙烯醚硫酸铵混合物	—	—	—	3	—	—
	壬基酚聚氧乙烯醚硫酸铵、烯丙氧基壬基酚聚氧乙烯醚磺酸钠混合物	—	—	—	—	4	—
	烯丙氧基壬基酚聚氧乙烯醚、烯丙氧基壬基酚聚氧乙烯醚磺酸钠混合物	—	—	—	—	—	2.5
	引发剂过硫酸铵	0.2	—	0.5	—	1	—
	引发剂过硫酸钾	—	0.1	—	0.4	—	0.3
水性环氧树脂	环氧树脂	18	19	20	22	24	25
	溶剂乙二醇丁醚	15	18	20	—	—	—
	溶剂丙二醇丁醚	—	—	—	—	—	—

原料		配比（质量份）					
		1#	2#	3#	4#	5#	6#
水性环氧树脂	溶剂—缩乙二醇丁醚乙酸酯	—	—	—	—	—	—
	乙二醇丁醚、丙二醇丁醚混合物	—	—	—	22	—	—
	丙二醇丁醚、一缩乙二醇丁醚乙酸酯混合物	—	—	—	—	24	—
	乙二醇丁醚、一缩乙二醇丁醚乙酸酯混合物	—	—	—	—	—	25
	浓磷酸	7	7	4.5	7	7.5	8
	催化剂三苯基膦	0.1	0.2	0.4	0.5	0.6	—
	催化剂三丁基溴化铵	—	—	—	—	—	0.8

制备方法

（1）丙烯酸乳液的制备：将苯乙烯、甲基丙烯酸甲酯、丙烯酸丁酯、丙烯酸乙酯、功能性单体、丙烯酸、乳化剂、引发剂、水经乳化设备乳化成预乳化单体乳液，再将预乳化单体乳液滴加入有部分去离子水的反应釜中，滴加时间为 2～5h，温度控制为 75～90℃，反应时间为 6～8h，制成固含量为 30%～40% 的丙烯酸乳液。

（2）水性环氧树脂的制备：将环氧树脂、溶剂、浓磷酸、催化剂加入烧瓶中，加热至 150～200℃，保温 7～10h，冷却后加入去离子水高速分散，制成固含量为 24%～35% 的水性环氧树脂。

（3）将步骤（1）制得的丙烯酸乳液、步骤（2）制得的水性环氧树脂与其余组分按原料配比加入到高速分散机中进行搅拌分散，待物料全部分散均匀一致后即可制备固含量为 20%～30% 的高耐腐蚀水性防腐涂料。

原料介绍　所述的功能性单体是甲基丙烯酸羟乙酯、甲基丙烯酸羟丙酯、丙烯酸羟乙酯、甲基丙烯酸缩水甘油醚中的一种或几种的混合物。

所述的乳化剂为烯丙氧基壬基酚聚氧乙烯醚、壬基酚聚氧乙烯醚硫酸铵、烯丙氧基壬基酚聚氧乙烯醚磺酸钠中的一种或几种的混合物。

所述的引发剂是过硫酸铵、过硫酸钾中的一种。

所述的氨基树脂是 R717、R747 中的一种或几种的混合物。

所述的流平剂是 BYK-310、BYK-306、BYK-341 中的一种或几种的混合物。

所述的消泡剂是 BYK-035、BYK-040、BYK-073 中的一种或几种的混合物。

所述的防冻剂是乙二醇或丙二醇。

所述的成膜助剂是乙二醇丁醚、丙二醇丁醚、一缩乙二醇丁醚乙酸酯中的任意一种或几种的混合物。

所述的环氧树脂是 E-44、E-20、E-12 中的一种或几种的混合物。

所述的溶剂是乙二醇丁醚、丙二醇丁醚、一缩乙二醇丁醚乙酸酯中的任意一种或几种的混合物。

所述的催化剂是三苯基膦或三丁基溴化铵中的一种。

产品应用 本品主要应用于大型船舶及海洋性气候、沿海地区及高腐蚀等环境中的空调上。

产品特性 本品明显提高亲水涂层铝箔的耐腐蚀性，满足有高耐腐蚀要求的空调器的使用要求。

配方96 散热器内防腐涂料

原料配比

原料	配比（质量份）		
	1#	2#	3#
改性丙烯酸树脂	48	40	50
颜料：钛白粉和铁黑	12 (11＋1)	—	—
颜料：纳米铁红	—	12	—
颜料：钛白粉	—	—	10
填料：煅烧硅酸铝和滑石粉	15 (12＋3)	—	—
填料：煅烧硅酸铝和高岭土	—	15 (10＋5)	—
填料：煅烧硅酸铝	—	—	12
稀释剂：乙酸丁酯和二甲苯	19 (12＋7)	—	—
稀释剂：乙酸丁酯、乙酸乙酯、乙醇和丁醇	—	30 (10＋10＋5＋5)	—
稀释剂：乙酸丁酯	—	—	20
助剂：气相二氧化硅	1.5	—	3
助剂：气相二氧化硅和有机膨润土	—	1 (0.5＋0.5)	—
其他树脂：环氧树脂	4.5	—	—
其他树脂：改性有机硅树脂和852氨基树脂	—	2 (1＋1)	—
其他树脂：618环氧树脂和852氨基树脂	—	—	5 (4＋1)

制备方法

（1）制备改性丙烯酸树脂：

①准备制备改性丙烯酸树脂的反应物料A和反应物料B。所述反应物料A组成为甲基丙烯酸甲酯、丙烯酸甲酯、丙烯酸丁酯、稀释剂，所述反应物料A中的稀释剂为乙酸丁酯。所述反应物料B组成为甲基丙烯酸甲酯、丙烯酸甲酯、甲基丙烯酸、丙烯酸丁酯、稀释剂、引发剂、偶联剂，所述反应物料B中的引发剂为偶氮二异丁腈，所述反应物料B中的偶联剂为钛酸酯偶联剂，所述反应物料B中的稀释剂为乙酸丁酯。

②将反应物料A放入反应釜中，搅拌，同时升温，待料温达到（85±3）℃，随后将反应物料B缓慢加入，搅拌，同时保温1h。

③保温过后开始升温，温度上升并保持在（105±3）℃，保温1.5h。

④冷却2h，制成改性丙烯酸树脂。

（2）按原料配比称取改性丙烯酸树脂、颜料（钛白粉）、填料（煅烧硅酸铝）、助剂（气相二氧化硅）和其他树脂（618环氧树脂和852氨基树脂），将上述物质和稀释剂（此处加入的稀释剂为乙酸丁酯）一起加入高速搅拌机中，进行充分搅拌，使用砂磨机对混合料进行充分研磨，再使用高速搅拌机将稀释剂（此处加入的稀释剂为乙酸丁酯）添加到混合料中，至黏度调整为40s（使用涂-4计测量），得到防腐涂料，制备的防腐涂料为白色无苯涂料。

产品应用 本品主要用作散热器内防腐涂料。

产品特性 本配方制备了一种树脂，能用它来担当成膜物质以制备耐高温耐碱性水腐蚀的涂料，从而达到工业化生产中提高效率、节约能量的目的。本品涂料附着力强，流动性好，涂膜表干快，打破了涂装道次之间必须加以烘烤的传统规定，无论涂几道，各道次之间仅在最后的一道涂装后进行一次烘烤，涂膜耐140℃高温碱性水（pH 10以上）的腐蚀，附着力和抗高温动态回路水冲击腐蚀的性能均属优良，能保证钢制和铝制散热器的使用寿命。这就显著降低了能耗，节省了操作时间，耐高温碱性水的性能也有明显提高。

配方97 湿固化聚氨酯环氧煤焦沥青防腐涂料

原料配比

<table>
<tr><th colspan="2" rowspan="2">原料</th><th colspan="5">配比（质量份）</th></tr>
<tr><th>1#</th><th>2#</th><th>3#</th><th>4#</th><th>5#</th></tr>
<tr><td rowspan="7">A组分</td><td>多亚甲基多苯基异氰酸酯</td><td>38.59</td><td>37.91</td><td>39.62</td><td>37</td><td>40</td></tr>
<tr><td>聚醚330/3030</td><td>11.92</td><td>11.52</td><td>12.11</td><td>11</td><td>13</td></tr>
<tr><td>聚醚635/450</td><td>2.85</td><td>2.72</td><td>2.96</td><td>2</td><td>3</td></tr>
<tr><td>二辛酯/二丁酯</td><td>8.83</td><td>8.43</td><td>8.96</td><td>8</td><td>9</td></tr>
<tr><td>环氧树脂</td><td>3.56</td><td>3.35</td><td>3.74</td><td>3</td><td>4</td></tr>
<tr><td>磷酸</td><td>0.0025</td><td>0.0022</td><td>0.0026</td><td>0.002</td><td>0.003</td></tr>
<tr><td>溶剂S110#/工业二甲苯</td><td>35.68</td><td>33.7</td><td>36.8</td><td>33</td><td>37</td></tr>
<tr><td rowspan="4">B组分</td><td>煤焦沥青</td><td>63.98</td><td>62.5</td><td>68.2</td><td>62</td><td>66</td></tr>
<tr><td>环己酮</td><td>9.28</td><td>9.02</td><td>9.36</td><td>9</td><td>10</td></tr>
<tr><td>甲苯</td><td>10.9</td><td>10.1</td><td>11.05</td><td>10</td><td>11.5</td></tr>
<tr><td>溶剂S110#/工业二甲苯</td><td>7.41</td><td>7.3</td><td>7.48</td><td>7</td><td>8</td></tr>
<tr><td colspan="2">A组分</td><td colspan="5">1</td></tr>
<tr><td colspan="2">B组分</td><td colspan="5">1</td></tr>
</table>

制备方法

A组分的制备：将各组分加入反应釜内，加热至81~86℃，保温2h，降温。

B组分的制备：将各组分加入反应釜内，加热至115~120℃，保温2h，降温。

使用时，将A组分和B组分按质量比（1:1）～（1:2）混合。

产品应用 本品主要用于涂料组合物，是一种不透湿的湿固化聚氨酯环氧煤沥青防腐涂料。

产品特性　用本品湿固化聚氨酯环氧煤焦沥青防腐涂料时，涂覆的涂层不透湿，具有耐温、耐候、耐化学腐蚀、绝缘等高强性能。

配方98　树脂型防腐涂料

原料配比

原料	配比（质量份）		
	1#	2#	3#
聚氯乙烯树脂	205	279	117
过氯乙烯树脂	98	119	34
聚四氟乙烯树脂	74	—	—
四氢呋喃	—	—	349
环己酮	344	—	—
丙酮	—	345	—
甲苯	228	346	—
乙酸乙酯	102	—	—
二甲苯	—	—	337
邻苯二甲酸二辛酯	162	—	129
邻苯二甲酸二异辛酯	—	163	—
抗氧剂1010	24	—	—
抗氧剂B	—	25	19
防老剂H	20	20	15

制备方法

（1）首先根据涂料的目标性能确定各组分的质量份，根据质量份严格配料。

（2）然后对原料进行混溶、混炼和熟化。

（3）最后经分析合格后进行包装。

原料介绍　所述的树脂组合物由聚氯乙烯、过氯乙烯和聚四氟乙烯组成，各组分在树脂组合物中占的质量分数为：聚氯乙烯3%～60%、过氯乙烯20%～50%、聚四氟乙烯0～20%。

所述的增塑剂为邻苯二甲酸酯类。

所述的溶剂为酮类、苯类或酯类溶剂的一种或一种以上。

所述的助剂为抗氧剂或防老剂。

所述的聚氯乙烯以粉剂为原料。

所述的邻苯二甲酸酯类为邻苯二甲酸二丁酯、邻苯二甲酸二辛酯或邻苯二甲酸二异辛酯。

所述的酮类溶剂为丙酮、丁酮或环己酮的一种或一种以上。

所述的苯类溶剂为苯、甲苯或二甲苯的一种或一种以上。

所述的酯类溶剂为乙酸乙酯、乙酸丁酯或丙酸乙酯的一种或一种以上。

所述的抗氧剂为抗氧剂1010或抗氧剂B215。

所述的防老剂为防老剂H。

　　所述的聚氯乙烯树脂粉剂的 K 值在 $55\sim80$ 之间，优选 K 值在 $65\sim75$ 之间。

　　产品应用　本品使用范围可以扩大到水泥构造物和建筑物及船只，例如污水池、化工设备、电镀设备、船舶、舰艇等。

　　产品特性　本品耐腐蚀、使用寿命长、涂布及修补简便、无污染、价格便宜，可广泛用于烟气净化及化工设备、工程施工及船舶等表面防腐。对同一个防腐工程而言，防腐膜大致分为底层、中间层和表面层，而每一层都可以再细分若干薄层。每一层的基本特性可以相同，但也可存有差异：底层应有足够的附着力；中间层应有足够的厚度，且与底层和表面层应有足够的黏结力和浸润融合效果；表面层是直接接触腐蚀介质的保护层，必须具有耐腐蚀、抗磨损和耐热冷特性。本品防腐涂料通过调节原料的配比即可达到良好效果，具有耐腐蚀、寿命长、涂布简便、容易修补、无污染及价格相对便宜的优点。

配方 99　双组分溶剂型聚氨酯防腐涂料

原料配比

原料		配比（质量份）				
		1	2	3	4	5
有机硅低聚物	硅烷偶联剂	60	65	40	45	39
	去离子水	10	5	15	13	16
	无水乙醇	30	30	45	42	45
有机硅改性聚酯多元醇	有机硅低聚物	10	13	15	13	14
	聚酯多元醇	30	37	34	37	36
	混合溶剂	55	50	50	50	50
A 组分	有机硅改性聚酯多元醇	34	35	33	30	33
	颜填料	31	35	32	34	32
	混合溶剂	30	24	30	31	30
	催化剂	0.05	0.04	0.03	0.03	0.03
	流平剂	3	3.55	3	3	3
	偶联剂	0.1	0.2	0.1	0.1	0.1
	防沉剂	0.4	0.5	0.4	0.4	0.4
	润湿分散剂	0.3	0.4	0.3	0.3	0.3
	防结皮剂	0.8	0.91	0.82	0.83	0.92
	消泡剂	0.35	0.4	0.35	0.34	0.25
有机硅改性双组分溶剂型聚氨酯防腐涂料	A 组分	70	54	70	65	68
	B 组分 TDI–TMP 加成物	30	46	30	35	32

制备方法

　　(1) 在三口瓶中加入硅烷偶联剂和无水乙醇，待温度升至 $55\sim75$℃后，滴加去离子水和无水乙醇的混合溶液，控制滴速在 0.5h 内加完。继续反应 $2\sim4$h 后，停止反应。然后常压蒸馏，待瓶内剩余液温度升至 $100\sim150$℃后，停止蒸馏，得到无色透明的黏稠液体，即为有机硅低聚物。

　　(2) 在四口瓶中加入有机硅低聚物、聚酯多元醇和混合溶剂，控制温度在 $50\sim$

100℃下反应 2～5h 脱醇，得到略带淡黄色的黏性液体，即为有机硅改性聚酯多元醇。

（3）将颜填料研磨分散处理成规定细度（400 目）的浆液。在混合溶剂中，依次加入有机硅改性聚酯多元醇和配方量一半的催化剂，然后再加入配方量颜填料，以 300r/min 搅拌，加入剩下的催化剂，分散均匀，最后真空脱水制得 A 组分。

（4）将 A 组分和 B 组分按（5∶1）～（5∶13）比例均匀混合，充分搅拌，即得成品。该涂料为液体。

原料介绍 所述的聚酯多元醇选自聚酯 800 号、1100 号和 1200 号中的一种或两种。

所述的混合溶剂为二甲苯和环己酮的混合物，两者配比按体积比计算为 1∶1。

所述的流平剂选自硅油、BYK-306 和 BYK-354 中的一种。

所述的防沉剂为气相二氧化硅。

所述的硅烷偶联剂选自 γ-氨丙基三甲氧基硅烷、甲基三甲氧基硅烷、四乙氧基硅烷、苯基三乙氧基硅烷、二苯基二乙氧基硅烷中的一种或几种。

所述的颜填料为石英粉、纳米二氧化硅、钛白粉、云母粉的一种或其组合物。

所述的有机硅改性双组分溶剂型聚氨酯防腐涂料，在 A 组分中加入催化剂，所述的催化剂为二月桂酸二丁基锡，加入量为 0～0.05%。

所述的有机硅改性双组分溶剂型聚氨酯防腐涂料，在 A 组分中加入偶联剂，所述的偶联剂为硅烷偶联剂，加入量为 0～0.2%。

所述的有机硅改性双组分溶剂型聚氨酯防腐涂料，在 A 组分中加入润湿分散剂，所述的润湿分散剂为 BYK-P11，加入量为 0.1%～0.5%。

所述的有机硅改性双组分溶剂型聚氨酯防腐涂料，在 A 组分中加入消泡剂，所述的消泡剂为氟化聚硅氧烷、聚醚和聚二甲基硅氧烷中的一种，加入量为 0.2%～0.5%。

产品应用 本品是一种有机硅改性双组分溶剂型聚氨酯防腐涂料，适用于一般金属及混凝土设施的防腐，尤其适用于电站脱硫后烟囱内壁的防腐。

产品特性 本品具有高固体含量、高附着力、耐高温、耐磨损、耐湿热、耐酸蚀、疏水性强、常温施工等优秀特性。

配方100 双组分环氧树脂涂料

原料配比

原料			配比（质量份）				
			1#	2#	3#	4#	5#
A组分	修复剂	六水硝酸亚铈	1	1	0.5	0.1	1
	环氧树脂	双酚 A 型环氧树脂	—	55	—	—	65
		双酚 A 型与双酚 F 型环氧树脂	50	—	—	—	—

续表

原料		配比（质量份）				
		1#	2#	3#	4#	5#
A组分	环氧树脂 双酚 A 型与双酚 F 型混合的低黏度环氧树脂	—	—	60	45	—
	稀释剂 惰性稀释剂（由二甲苯、苯和丙酮按质量比为1:1:2组成）	15	10	8	7	15
	活性稀释剂（癸酸缩水甘油醚）	5	5	2	2	5
	填料 二氧化钛锐钛矿型活性颜料	24	23	21.5	10	13.9
	纳米钛锐钛矿型活性填料	4.5	—	—	—	—
	氧化铝	—	5	—	—	—
	锌粉	—	—	—	10	—
	三氧化二锑	—	—	7.3	—	—
	磷酸锌	—	—	—	20	—
	改性有机磷酸锌	—	—	—	4.9	—
	消泡剂 二甲基硅油	0.5	1	0.7	1	0.1
B组分	固化剂 二乙烯三胺	95	—	95	—	95
	三乙烯四胺	—	95	—	—	—
	四乙烯五胺	—	—	—	99	—
	催干剂 稀土脂肪酸和稀土环烷酸络合物	5	—	—	1	5
	脂肪酸铈盐	—	—	5	—	—
	脂肪酸锰盐	5	—	—	—	—
A组分		7	7	7	7	8
B组分		1	1.5	2	1	1

制备方法

（1）A组分：先将修复剂溶解到稀释剂中，再向稀释剂中依次加入环氧树脂、消泡剂、填料，并混合均匀，接着逐级分散，然后过滤包装。

（2）B组分：向固化剂中加入催干剂后，接着逐级分散，然后过滤，包装。

（3）上述的逐级分散是将混合后的A、B组分分别放入配料缸中，先在（1200±200）r/min的条件下分散20～30min，接着再在（2200±20）r/min的条件下分散10～20min。

原料介绍 所述的A组分中环氧树脂为双酚A型环氧树脂、双酚A型与双酚F型环氧树脂的混合物或双酚A与双酚F混合的低黏度环氧树脂。

所述的A组分中稀释剂是惰性稀释剂与活性稀释剂按质量比为（2～5）：1混合组成。其中，惰性稀释剂是二甲苯、苯和丙酮按质量比为1：1：2组成的混合物，活性稀释剂是癸酸缩水甘油醚。

所述的A组分中修复剂是六水硝酸亚铈，其分子式为$Ce(NO_3)_3 \cdot 6H_2O$。

所述的A组分中填料是纳米级二氧化钛、二氧化硅、氧化铝、锌粉、三氧化二锑、颜料中的一种或两种。其中，三氧化二锑的加入能够使涂料具有阻燃性能，颜料是磷酸锌、改性有机磷酸锌、二氧化钛中的至少一种。

所述的A组分中消泡剂为二甲基硅油。

所述的B组分中固化剂是二乙烯三胺、三乙烯四胺或四乙烯五胺。

所述的B组分中催干剂是金属有机酸皂类，如稀土脂肪酸和稀土环烷酸络合物，也可以是脂肪酸铈盐或脂肪酸锰盐。

产品应用 本品主要应用于化工防腐领域，具有装饰、防护等特殊功能。

产品特性 本品双组分环氧树脂涂料分开包装，配制简单，使用方便，储存性能稳定，在常温下具有良好的成膜性能。采用可溶性稀土化合物修复剂与有机树脂结合，使可溶性稀土离子在金属基体腐蚀的位置自由沉积，阻止金属基体的进一步腐蚀，从而使双组分环氧树脂涂料具有自修复特性。同时，该涂料制备方法简单，适合工业化生产，节约了能耗，降低了成本。

配方 101　水下涂装重防腐涂料

原料配比

A 树脂

原料	配比（质量份）
苯酚	100
甲醛	150
丹宁	100
银粉、锌粉、乙二醇单乙醚、二甲苯、开水混合溶液	4
草酸	1
活性稀释剂	150

B 树脂

原料	配比（质量份）
活性稀释剂①	50

续表

原料	配比（质量份）
A 树脂	70
100% 固含液态双酚 A 型环氧树脂	400
二次合成脂肪酸	55
活性稀释剂②	70

固化剂 C 树脂

原料	配比（质量份）
多种合成聚酮（简称多酮）	90
聚酰胺树脂	250
壬基酚树脂	180
多聚醛	48

水下涂装重防腐涂料

	原料	配比（质量份）	
		1#	2#
甲组分	B 树脂	50	50
	抗流挂剂（聚乙烯蜡）	1	1
	铁红	10	5
	BYK 润湿分散助剂	—	0.25
	大豆卵磷脂	—	0.2
	膨润土	—	1
	增塑剂 DIDP	—	8
	钛白粉	—	10
	石英粉	8	8
	纤维状滑石粉	—	11
	硅酸镁	8	—
	重晶石粉	8	13
	玻璃鳞片	—	20
	烯丙基缩水甘油醚	—	10
	碳酸钙	15	—
乙组分	C 树脂	100	80
	叔胺类固化促进剂	—	20

制备方法

（1）A 树脂的制备：将苯酚和甲醛放入反应釜，搅拌升温至 40℃，加入单宁升温至 60℃后，保持 1.5~2h，加入银粉、锌粉、乙二醇单乙醚、二甲苯、开水混合溶液，升温至 80℃保温 2~2.5h，使单宁完全溶解，呈黏稠状。加入草酸，在 80℃保温 1~1.5h，溶液达到金黄相，银粉均匀分布，手拉起呈丝状。升温至 90℃保温 4~5.5h，再升温至回流温度反应 5~8h，取样检验合格后抽真空脱水，加入活性稀释剂搅拌 1~1.5h，均匀后即为 A 树脂，该树脂是用于制造涂料甲组分的主要树脂。

（2）B 树脂的制备：将活性稀释剂①和 A 树脂放入反应釜，搅拌升温至 50℃，加入 100% 固含液态双酚 A 型环氧树脂，升温至回流温度（135~170℃）反应 10~12h，除去生成水，至回流无水再加入二次合成脂肪酸，继续在 170~180℃反应 4~6h，停止加热，降温至 120℃，加活性稀释剂②均匀混合。过滤取样检验合格后作为 B 树脂送制漆工段，用于制造甲组分涂料。

（3）固化剂 C 树脂的制备：按配方称量，加入多种合成聚酮、聚酰胺树脂、壬基酚树脂、多聚醛至反应釜，开机搅拌升温至 70℃，停止加热，控制釜内温度小于 80℃，在 80℃保温 1~1.5h（防止过热反应，温度超过 96℃会剧烈反应、沸腾）。升温至 90℃保温 1~2h，再升温至（100±5）℃保温 1~2h，分去生成的水，停止反应，抽真空脱水，之后再抽真空回收低沸物，搅拌均匀后过滤，即得 C 树脂，是涂料固化剂乙组分的主要原料。

（4）水下涂装重防腐涂料的制备：

①甲组分的制备：甲组分是以 B 树脂为基料，再加入涂料用通用颜料、填料、助剂等一起研磨，经过调漆、调整黏度后的混合物。

②乙组分的制备：乙组分为 C 树脂或由 C 树脂与叔胺类固化促进剂组成的混合物。

③施工使用比例为甲组分：乙组分 =（4~5）:1。

原料介绍　所述的多聚醛优选多聚甲醛。所述的活性稀释剂优选烯丙基缩水甘油醚。

产品应用　本品主要应用于桥梁、矿山设备、水力电力设备，尤其应用于化学气罐、油罐的防腐。

产品特性　与现有技术相比，本品提供的水下涂装防腐涂料在淡水、海水中快速固化，固化时间在 30min 以内，并且具有低表面处理，无毒，无 VOC 排放，良好耐酸、耐碱、耐水和耐盐分性能，良好附着力等特点。

配方 102　水下涂装用重防腐涂料

原料配比

原料		配比（质量份）				
		1#	2#	3#	4#	5#
改性环氧树脂	双酚 A 型环氧树脂 E-51	1960	1500	2000	1700	1900
	二乙基胺	365	300	400	350	320
	二甲苯	250	100	380	230	280
	甲苯二异氰酸酯	870	800	900	850	820
	2-疏基乙醇	760	700	800	720	750
	环氧胺加成物	538	550	250	350	400
	甲苯二异氰酸酯半封闭物	326	350	150	200	280

续表

原料		配比（质量份）				
		1#	2#	3#	4#	5#
A 组分	改性环氧树脂	40	35	45	35	45
	铝粉	—	—	—	5	—
	锌粉	—	—	—	—	10
	不锈钢粉	25	15	20	20	10
	复合磷铁粉	—	—	—	20	—
	重晶石粉	—	—	—	20	—
	复合铁太粉	25	30	35	—	30
	云母粉	10	20			
B 组分	固化剂 I	20	20	20	15	15
	固化剂 II	30	30	40	35	35
	固化剂 II 油酸加成物	622	600	700	650	660
	固化剂 II 二乙烯三胺	204	200	300	230	280
	固化剂 II 油酸	342	684	600	450	650
	固化剂 II 桐油脂肪酸	280	560	200	260	400
	固化剂 II 环烷酸钙	0.5	1	0.2	0.4	0.8
A 组分		85	87	85	87	85
B 组分		15	13	15	13	15

制备方法

（1）A 组分的制备：在配漆罐内先加入改性环氧树脂，启动高速分散机，分散机的转速为 800~1000r/min，10~20min 后，加入铝粉、锌粉、不锈钢粉、复合磷铁粉、重晶石粉、复合铁太粉、云母粉，高速分散 1~2h 后，在三辊机上研磨达到细度为 60~80μm，即可分装。

（2）把固化剂 I 按规定比例加入到固化剂 II 中，搅拌均匀即可。

（3）将 A 组分和 B 组分按比例均匀混合，获得水下涂装重防腐涂料，即可使用。

产品应用 本品主要应用于海水、淡水中的建筑物、构筑物、桥梁、钻井平台、桩、柱等的表面保护。

产品特性 本品涂料黏结强度高，水下涂刷性能优异，有优异的憎水性，水下施工遇水不溶解、不漂浮、不分解，属于环保产品。本品遇水不分散，保证施工人员水下施工的质量。本品有良好的流平性和附着力，防腐性能优异，有良好的干燥性能，可刷涂、刮涂，施工方法简单，有适宜的施工期。

配方 103　水下无溶剂环氧防腐涂料

原料配比

原料	配比（质量份）		
	1#	2#	3#
环氧树脂 E-51	22	25	20

原料	配比（质量份）		
	1#	2#	3#
环氧树脂 E－44	15	12	17
乙二醇二缩水甘油醚	5.6	3.0	3.2
环氧丙烷丁基醚	—	2.0	3.0
增塑剂 304 树脂	3.75	4.5	3.1
滑石粉	13.9	14.4	15.0
绢云母粉	13.1	11.0	13.88
有机膨润土	1.4	1.6	1.2
钛白粉	2.8	3.5	2.0
γ－氨基丙基三乙氧基硅烷	0.75	1.0	0.5
德谦 923S	0.79	0.7	0.5
德谦 6800	0.79	1.0	0.5
炭黑	0.12	0.3	0.12
1085 固化剂	13.3	14	12.0
810 固化剂	6.7	6	8.0

制备方法

（1）将环氧树脂 E－51、环氧树脂 E－44、乙二醇二缩水甘油醚、分散剂德谦 923S、增塑剂 304 树脂、消泡剂德谦 6800 依次倒入搅拌分散釜中，进行搅拌，加入触变剂有机膨润土，再进行搅拌，搅拌均匀后，加入滑石粉、绢云母粉、钛白粉、炭黑、γ－氨基丙基三乙氧基硅烷，高速搅拌分散，然后研磨、包装。

（2）将 1085 固化剂和 810 固化剂在密闭容器内搅拌均匀。

（3）步骤（1）与步骤（2）产物按 4∶1（质量比）混合，搅拌均匀，即制得水下无溶剂环氧防腐涂料。

产品应用　本品适用于水电站闸门、排沙底孔等钢结构和混凝土结构的保护。

产品特性　本品制备工艺简单，产品附着力强、机械强度高、耐腐蚀，尤其是能够实现在低温下涂覆水中构件，固化速度快，不易剥落，涂膜柔韧性好。

配方 104　水溶性无机防腐涂料

原料配比

原料	配比（质量份）		
	1#	2#	3#
二氧化锡	8	6	—
二氧化硅	14	—	—
二氧化锆	12	—	—
三氧化二铝	—	—	13
锌铬黄	6	—	—
氧化铁红	—	15	—
钛白粉	11	—	—
氧化亚铁	2.5		

原料	配比（质量份）		
	1#	2#	3#
氧化锌	—	11	—
氧化镁	—	9	8
三氧化二铬	—	10.5	—
碱式碳酸镁	—	3.5	—
滑石粉	7.5	6	7
石墨	2.5	—	3.5
亚硝酸钠	1.5	—	3
无水碳酸钙	—	2	—
107 胶	—	7	—
丙烯酸乳液	6	—	—
苯 - 丙乳液	22	26	28
水	7	4	7

制备方法　按原料配比将原料中的耐腐无机物、防锈无机物、阻燃无机物、稀释剂等混合搅拌，湿法研磨至粒度为 $50 \sim 150 \mu m$ 即可。

原料介绍　耐腐无机物可以为滑石粉、铁黄、石墨、三氧化二铬、碱式碳酸镁、钛白粉、二氧化锡、氧化亚铁中一种或几种。

防锈无机物可以为锌铬黄、碳酸钠、氧化锌、亚硝酸钠中一种或几种。

阻燃无机物可以为三氧化二铁、二氧化硅、三氧化二铝、氧化镁、二氧化锆、黏土中一种或几种。

稀释剂可以为丙烯酸乳液、苯 - 丙乳液、聚丙烯酸、107 胶中一种或几种。

产品应用　本品可广泛适用于石油管道、煤气管线、船体表面、高炉金属表面、工业锅炉表面、建筑管线等。

产品特性　本涂料具有水溶性，没干燥之前不易沉淀，不易结层，易于保存，且无刺激性气味。涂刷时不需除锈，干燥后，在金属表面形成致密坚固的保护层。耐温、耐压、耐水及酸碱盐液的浸泡不易脱落，可以很好地实现防腐、防锈、防霉的功能。

配方 105　水性双组分聚氨酯涂料

原料配比

原料	配比（质量份）
聚酯多元醇（羟值为150）	55
二羟甲基丙酸	5
IPDI	58
丙酮	适量
支化和封端剂三羟甲基丙烷	8
胺	适量
溶解 0.8 份非离子表面活性剂的去离子水	100

制备方法　取聚酯多元醇、二羟甲基丙酸、IPDI、丙酮，在 60 ~ 90℃条件下反应至不再有羟基被检测出，加入支化和封端剂三羟甲基丙烷，反应至不再有异氰酸官能团被检测出，加入胺中和至 pH 值为 7 ~ 8，然后再加入事先溶解 0.8 份非离子表面活性剂的去离子水进行分散。真空下抽出丙酮，制成水分散体。

取以上羟基聚氨酯水分散体，按 OH：NCO = 1：1.5（物质的量之比）的比例加入水分散型聚异氰酸酯交联剂，搅拌均匀，加入稀释至涂刷黏度。

原料介绍　pH 调节剂为胺类制品，包括三乙胺、二甲基乙醇胺、乙醇胺、二乙醇胺、三乙醇胺等。

高度支化的羟基封端聚氨酯由以下组分经化学反应而成：官能度为 2.5 ~ 5、羟值为 70 ~ 300 的支化聚酯多元醇，其质量分数为 40% ~ 70%；二羟甲基丙酸，其质量分数为 2% ~ 10%；异氰酸酯单体，其质量分数为 20% ~ 60%；进一步支化和封端剂，其质量分数为 1% ~ 10%。其中，异氰酸酯单体包括芳香族和脂肪族异氰酸酯，如 TDI、MDI、HDI、IPDI、HMDI 等；所述进一步支化和封端剂是指官能度为 2.5 以上的多元醇或聚酯多元醇，如三羟甲基丙烷、季戊四醇等。由于分散体由高度支化的羟基封端聚氨酯组成，经水分散型聚异氰酸酯交联后，具有很高的交联密度，所形成的涂膜具有很高的硬度，以及很好的快干性。

在上述技术方案基础上，由羟基聚氨酯水分散体组成的水性双组分聚氨酯涂料（包括交联剂），特点是：取所述羟基聚氨酯水分散体，按 OH：NCO = 1：(1 ~ 2) 的比例加入水分散型聚异氰酸酯交联剂，手动即可搅拌均匀，且具有长时间的稳定性，而不分相或分层。

双组分水性聚氨酯涂料分为两大组分，其一为水性羟基聚合物组分，其二为水分散型或可被水性羟基组分乳化的聚异氰酸酯组分，二者可在常温或加热下交联固化成膜，使其性能接近或达到溶剂型聚氨酯涂料的水平。

产品应用　本品用于涂刷。

产品特性　本品使水性涂料的各项性能接近或达到溶剂型聚氨酯涂料的水平，涂膜可在常温下固化，具有优异的耐水、耐溶剂、耐酸碱、耐磨性能，以及高光泽、高硬度。

配方106　水性超薄膨胀型钢结构防火防腐涂料

原料配比

原料	配比（质量份）		
	1#	2#	3#
有机硅改性丙烯酸酯乳液	28.0	32.0	29.0
多聚磷酸铵	15.0	16.0	15.0
三聚氰胺	10.0	9.0	8.0
季戊四醇	6.0	7.0	6.0
钛白粉	2.0	3.0	2.0
可膨胀石墨	4.0	5.0	4.0
磷酸锌	3.0	4.0	3.0
玻璃纤维	2.0	2.0	2.0

原料	配比（质量份）		
	1#	2#	3#
消泡剂	0.40	0.30	0.50
分散剂	0.50	0.20	0.40
增稠剂	3.0	0.20	2.0
去离子水	加至100	加至100	加至100

制备方法 有机硅改性丙烯酸酯乳液的制备：

（1）预乳液的制备：在烧杯中加入去离子水、引发剂过硫酸钾、乳化剂十二烷基苯磺酸钠和聚乙二醇辛基苯基醚，引发剂占单体总量的0.4%，乳化剂占单体总量2.5%，其中，十二烷基苯磺酸钠∶聚乙二醇辛基苯基醚为1∶2（质量比）；在磁力搅拌子搅拌下滴加含有功能单体丙烯酸-β-羟丙酯的甲基丙烯酸甲酯和丙烯酸丁酯的混合单体，丙烯酸-β-羟丙酯占单体总量的5%，甲基丙烯酸甲酯和丙烯酸丁酯占单体总量的80%，甲基丙烯酸甲酯∶丙烯酸丁酯=1∶1；乳化1h得预乳液。

（2）种子乳液的制备：在三口瓶中加入去离子水和占单体总量1.5%的乳化剂十二烷基苯磺酸钠和聚乙二醇辛基苯基醚，其中，十二烷基苯磺酸钠∶聚乙二醇辛基苯基醚为1∶2（质量比），搅拌并且加入占单体总量20%的甲基丙烯酸甲酯和丙烯酸丁酯的混合单体，甲基丙烯酸甲酯∶丙烯酸丁酯为1∶1（质量比），滴加完毕后升温至55℃；乳化20min后开始滴加溶有引发剂过硫酸钾的去离子水，引发剂占单体总量的0.2%，同时缓慢升温至80℃，待种子乳液发生反应并出现蓝光后，再缓慢滴加预乳液，2h滴加完毕。

（3）加入有机硅：在预乳液滴加后期还剩约1/3预乳液时，开始滴加占单体总量8%的有机硅，加入有机硅之前先加入占单体总量2%的水解抑制剂乙二醇，保证有机硅与剩下的预乳液同时滴加完毕，滴加完毕后保温熟化1h，降温，用氨水调节pH至中性，过滤出料得固含量为42%的有机硅改性丙烯酸酯乳液。

本品涂料的制备：

（1）通过研磨机研磨粉状物料多聚磷酸铵、季戊四醇、三聚氰胺、防腐剂、陶瓷填料，过200目筛。

（2）按照所述配方剂量依次称取各组分，首先加入有机硅改性丙烯酸酯乳液，然后加入多聚磷酸铵、季戊四醇、三聚氰胺、防腐剂、钛白粉、陶瓷填料，随后加入可膨胀石墨，再加入分散剂、增稠剂和消泡剂，加入去离子水，降低组分的黏度，使各组分充分研磨分散。

（3）将步骤（2）配好的物料放入球磨机中以中速预混合，转速为1000~1500r/min，预混合的时间为0.5~0.8h。

（4）将预混合好的组分放在球磨机内进行高速研磨，转速为2000~3000r/min，时间为2~3h。

（5）将步骤（4）研磨分散好的涂料过滤出料，得到所述的水性超薄膨胀型钢结构防火防腐涂料。

原料介绍 所述的有机硅改性丙烯酸酯乳液的固含量为42%，有机硅选自乙烯基三甲氧基硅烷、乙烯基三乙氧基硅烷、乙烯基三丁氧基硅烷中的一种或几种。

所述的丙烯酸酯为含有功能单体丙烯酸-β-羟丙酯的甲基丙烯酸甲酯和丙烯酸丁酯的混合单体，丙烯酸-β-羟丙酯占甲基丙烯酸甲酯和丙烯酸丁酯总量的5%，甲基丙烯酸甲酯∶丙烯酸丁酯=1∶1（质量比）。

所述的多聚磷酸铵盐的聚合度大于800。

所述的防腐剂为磷酸锌或磷酸铝。

所述的陶瓷填料为硼酸、硼酸锌、玻璃纤维、硅酸铝中的一种。

所述的消泡剂为甘油聚氧丙烯醚。

所述的分散剂为甲基纤维素。

所述的增稠剂为羧甲基纤维素。

所述的可膨胀石墨的粒径是80~200目。

产品应用　本品主要应用于各种钢结构的防火防腐。

产品特性　本品具有优异的防火性能的同时，又兼具防腐防锈的功能，耐水、耐酸碱性、耐腐蚀性能优良，可满足各种钢结构的防火防腐的要求。本品对环境友好，原材料廉价易得，可以广泛应用于各种钢结构的防火防腐。

配方107　水性带锈防腐涂料

原料配比

水性带锈防腐涂料

原料	配比（质量份）					
	1#	2#	3#	4#	5#	6#
铁锈转化剂	25	30	20	30	25	25
复合高分子乳液	60	50	60	60	55	58
渗透剂	0.1	0.01	0.2	0.05	0.05	0.1
成膜助剂	0.3	0.5	0.5	0.25	0.1	0.25
增稠分散剂	0.1	0.01	0.2	0.05	0.05	0.1
去离子水	14.5	19.48	19.1	9.65	19.8	16.55

铁锈转化剂

原料	配比（质量份）		
	1#	2#	3#
乙醇	10	8	12
连三苯酚	8	10	7
对苯二酚	2	2	2
多元醇	2	1	1
有机酸	2	1	1
去离子水	70	73	77

复合高分子乳液

原料	配比（质量份）
苯丙乳液	70
环氧乳液	10
脲醛树脂胶水	20

制备方法

（1）制备铁锈转化剂：在烧瓶中加入规定量的乙醇和与乙醇相同质量的去离子水，混合搅匀，加入多元酚使其完全溶解，再分别加入规定量多元醇、有机酸和余量的去离子水，搅拌均匀，即为铁锈转化剂。

（2）制备复合高分子乳液：在烧瓶中加入规定量苯丙乳液和环氧乳液，搅拌均匀，再缓慢加入脲醛树脂胶水，快速搅拌 10～20min 即为复合高分子乳液。

（3）制备节能环保型水性带锈防腐涂料：在烧瓶中加入规定量复合高分子乳液和铁锈转化剂，搅拌均匀，再分批加入渗透剂和成膜助剂，继续搅拌，缓慢加入规定量的增稠分散剂和去离子水混合液后升温至 40～50℃，搅拌 20～30min 即为目标产品水性带锈防腐涂料。

原料介绍　所述的复合高分子乳液是以苯丙乳液、环氧乳液、脲醛树脂胶水按质量比为 7∶1∶2 混合配制而成；渗透剂是丙三醇、山梨糖醇中的一种或混合物。

所述的成膜助剂是乙二醇乙醚、乙二醇丁醚中的一种；增稠分散剂是羧甲基纤维素、聚丙烯酸钠、精制琼脂中的一种。

铁锈转化剂组成中，多元酚是由连三苯酚或间三酚与对苯二酚混合而成；多元醇是丙三醇或山梨糖醇中的一种；有机酸是柠檬酸或酒石酸。

产品应用　本品主要应用于钢铁的表面防腐。

产品特性　本品以多元酚完全替代磷酸与单宁酸转化剂体系，克服了转化剂可能对金属产生过腐蚀而使涂膜欠均匀等问题。与现有技术相比，铁锈转化快，而彻底采用复合高分子乳液与铁锈转化剂制备的带锈涂料能使钢铁的氧化物（铁锈）转化为黑色的有机铁化合物，从而在钢铁表面生成一层由化学键和物理作用黏结的复合物膜。由于在苯丙乳液中添加了环氧乳液，可以充分发挥环氧基与金属基体结合力强的特点，配以脲醛树脂可以提高涂膜的硬度，三种乳液混合制备的涂料产生了意想不到的效果，故膜层牢固、致密、均匀，附着力明显增加。

本品的一个突出特点是节能环保，由于制备过程基本采用常温操作，只是在涂料产品合成时控温 40～50℃，搅拌 20～30min，故能耗低，采用水为溶剂，不含苯类、甲醛等对人体有害的物质，无挥发性气体产生，有利于环境保护。

配方108　水性复合鳞片状锌铝重防腐涂料

原料配比

原料		配比（质量份）				
		1#	2#	3#	4#	5#
有机－无机复合基料	硅溶胶	61.3	63.7	66.5	70.0	75.4
	氢氧化钾	3.6	4.5	5.3	6.0	5.6

续表

原料		配比（质量份）				
		1#	2#	3#	4#	5#
有机－无机复合基料	硅丙乳液	12.0	14.5	16.2	16.8	13.0
	水性颜料分散剂	0.4	0.5	0.8	1.0	1.1
	成膜助剂	0.6	0.7	1.0	1.0	1.3
	水性涂料消泡剂	0.1	0.1	0.2	0.2	0.3
	去离子水	21.0	16.0	10	5.0	3.3
颜料	鳞片状锌粉	70.0	75.0	80.0	85.0	90.0
	鳞片状铝粉	30.0	25.0	20.0	15.0	10.0
有机－无机复合基料：颜料		5∶1	5∶1.2	5∶1.5	5∶1.8	5∶2

制备方法

（1）有机－无机复合基料的制备：称取硅溶胶、氢氧化钾投入容器中，在恒温水浴中电动搅拌，反应 5～10min 获得高模数硅酸钾溶液后，加入硅丙乳液、水性涂料消泡剂、成膜助剂、水性颜料分散剂和其余去离子水，搅拌分散均匀，即得到有机－无机复合基料。

（2）涂料的制备：将鳞片状锌粉和鳞片状铝粉的锌铝混合粉末搅拌均匀后，按其与有机－无机复合基料质量比为（1～2）∶5 添加到基料中，充分搅拌 10～40min，用去离子水调节涂料黏度，用 80 目标准筛过滤后即得到水性复合鳞片状锌铝重防腐涂料。

（3）涂层的获得：将除油除锈干净的金属试样喷砂后，在 293K 左右喷涂涂料，漆膜室温放置 20 min 即可表干，自固化 2～24h 后涂膜可实干，并形成附着力强、耐盐雾、耐水、耐高温的水性复合鳞片状锌铝重防腐涂层。

原料介绍   所述的有机－无机复合基料和颜料两种组分的质量比为 5∶（1～2）。

所述的硅丙乳液为玻璃化温度 36℃、最低成膜温度 31℃、固含量（48±2）%、pH 7～9 的硅丙乳液。

所述的水性颜料分散剂为固含量 40%、pH 8.0 的水性颜料分散剂，成分为聚羧酸钠型共聚物的钠盐分散剂。

所述的水性涂料消泡剂为固含量 100%、相对密度 0.85～0.93 的高效水性涂料有机硅消泡剂。

所述的成膜助剂为十二碳醇酯。

所述的鳞片状锌粉和铝粉的片厚是 0.1～0.3μm，片径是 5～8μm。

产品应用   本品主要可应用在紧固件、锅炉、储罐、输油管道等钢铁设备上。

产品特性

（1）本品的基料为有机－无机复合基料，而非铬酐，实现了涂料和涂层的完全无铬化，成为真正的生态环保涂料。

（2）本品所用的改性硅酸盐溶液含有硅醇键，在固化时不仅和颜料中的锌可以生成化学键，靠近基体的硅醇键还和基体上的铁元素反应生成化学键，从而使涂层与基体之间的结合力不仅包括传统的范德华力、机械螯合力，还包括化学键力，故涂层和基体结合得更加牢固，附着性等级从传统富锌涂层的 3～4 级可以提高到 0～1 级。

（3）本品中用硅丙乳液对高模数硅酸钾溶液进行改性，使鳞片状锌粉和鳞片状铝粉的分散变得容易，一般搅拌 5～30min 即可得到均匀涂料。改性后的涂料的成膜性更佳，采用浸涂方式涂覆试件时，试件表面无流挂、漏涂、针孔等缺陷。另外，涂层的物理性能，如黏结强度得到提高，可以达到 0 级。有机乳液加入后，和无机硅酸盐溶液相互贯穿结合，形成致密的涂层，涂层的耐蚀性提高，阴极保护作用试验中耐中性盐雾 96h 后涂层完好，耐酸性也提高一倍。

（4）本品所采用的黏结剂含有高模数的硅酸钾溶液，将其与颜料金属锌在一定的空气湿度（不高于85%）和温度（5～40℃）下配制成涂料，常温浸涂 1～5min，金属表面漆膜在室温下放置20min 即可表干，2～24h 内即可完全自固化，无须高温烘烤，形成的涂层与基体结合牢固，能对基体起到良好的保护作用，很大程度上节约了能源。

（5）本品以去离子水为主要溶剂，不同于传统的溶剂性涂料，不会向空气中挥发任何有害物质，也大大节约了能源。另外，涂料的黏度可以通过去离子水来调节，从而可以控制涂层的厚度以及选择涂覆的方式。

（6）本品所用的颜料中含有一定片厚（0.1～0.3μm）、片径（5～8μm）的鳞片状锌粉，与球状锌粉（颜料浓度85%～90%）相比，可以大大降低颜料的含量（降低至10.1%～24.2%），节约成本；形成的涂层是由多层锌粉叠加而成，涂层的屏蔽效果更好，从而使涂层的耐蚀性更高；鳞片状锌粉的漂浮性好，在涂料中不易沉淀，可以更容易地分散均匀，涂料性质更加稳定。

（7）本品中添加了一定片厚（0.1～0.3μm）、片径（5～8μm）的鳞片状铝粉，其大大提高了涂料的分散效果和稳定性，改善了涂层的光泽，降低了涂层中的锌含量，并使涂层厚度减薄时仍能保证高的耐蚀性。

综上所述，本品具有多种保护功能，耐蚀性高，具有高的抗划伤和自愈合能力；具有优异的耐水、耐酸、耐高温性；以水为溶剂，对环境无污染；涂层常温自固化，能耗低；对环境和人体无伤害，涂层较薄，可以取代达克罗涂层的某些用途。本品涂料安全环保、制备方法简便、能源消耗少、成本低、涂层较薄、光亮美观，具有突出的生态、节能特性，以及具有防腐、耐磨、耐水、耐高温性能。

配方109 水性环氧树脂防腐涂料

原料配比

原料	配比（质量份）		
	1#	2#	3#
硅氧烷改性水性环氧树脂分散液	40	48	55
氧化铁红	15	15	10
防锈颜料铁钛粉	8	10	10
滑石粉	15	15	15
消泡剂	0.2	0.3	0.3
流平剂	0.2	0.3	0.3

续表

原料		配比（质量份）		
		1#	2#	3#
抗闪锈剂磷酸盐		0.4	0.4	0.4
去离子水		21.2	11	9
硅氧烷改性水性环氧树脂分散液	甲基丙烯酸	24	24	24
	甲基丙烯酸甲酯	38	38	38
	苯乙烯	36	36	36
	过氧化苯甲酰	2	2	2

制备方法

（1）在装有搅拌器、冷凝管、氮气导管、滴液漏斗的四口反应釜中，用环氧树脂质量 1/3～1/2 的丁醇和乙二醇单丁醚预溶好环氧树脂，在氮气保护下，预先一次性加一半单体和引发剂的混合液，再在 3～4h 内连续滴加剩余的单体和引发剂的混合液，在聚合温度 110～117℃下恒温反应 5～6h，抽去溶剂即得环氧乙苯丙接枝共聚物。

所述环氧树脂是双酚 A 型环氧树脂，如 E-44、E-51 等，其加入量为步骤（1）所称取单体总质量的 100%～150%。

（2）将所得的产物在室温下加入与羧基等物质的量的中和剂中和 15～30min，再在 50～60℃水浴下加定量的硅氧烷恒温反应 60～100min，最后滴加去离子水，快速分散 0.5～1h，即得带蓝光的乳白色硅氧烷改性水性环氧树脂分散液。

所述的中和剂是氨水等弱碱性物质，硅氧烷是含氨基的硅氧烷；硅氧烷的加入量是步骤（1）所称取环氧树脂质量的 0.5%～2.5%，去离子水的加入量是所称取单体总质量的 400%～700%。

（3）按照各组分原料配比称取配方原料，将氧化铁红、防锈颜料、滑石粉、抗闪锈剂和去离子水混合，在高速剪切下分散到细度≤50μm，同时缓缓加入硅氧烷改性水性环氧树脂分散液、消泡剂、流平剂，搅拌均匀即可制成水性环氧树脂防腐涂料。

原料介绍　所述的硅氧烷改性水性环氧树脂分散液是以环氧树脂为母体，以甲基丙烯酸、甲基丙烯酸甲酯、苯乙烯为接枝单体，进行接枝聚合反应，制备大分子链中含有羧基的水性自乳化环氧-苯丙共聚物，然后加入中和剂中和，再进行硅氧烷改性制作而成；防锈颜料是钛铁粉、磷酸锌或三聚磷酸锌；抗闪锈剂为磷酸盐的混合物。

产品应用　本品主要应用于机械电子、航空航天、交通、建筑等领域。

产品特性　本品将亲水性单体引入到环氧树脂分子链上，具有自乳化特点；将硅氧烷应用于水性环氧树脂的改性，能够加热自固化。该涂料储存稳定性好，施工性能好，涂膜干燥快，干燥后硬度高，涂膜光亮平滑、耐水、耐腐蚀、耐洗擦，综合性能优良，成本低，可满足储罐、桥梁等领域防腐要求。

配方 110　水性聚氨酯改性环氧钢结构防腐涂料

原料配比

原料		配比（质量份）		
		1#	2#	3#
A 组分	水性聚氨酯改性环氧乳液	25	35	45
	沉淀硫酸钡	10	7	6
	防锈颜料	22	16	12
	滑石粉	8	4	4
	消泡剂	1	0.3	0.3
	分散剂	2.5	1.5	1.5
	流平剂	0.5	0.2	0.2
	抗闪锈剂	2	1	1
	水	18	15	10
B 组分	分散体	7	10	13
	水	4	10	7

制备方法

（1）A 组分制备：在 1000～1500r/min 搅拌下，依次将防锈颜料、沉淀硫酸钡、滑石粉、抗闪锈剂、分散剂和水混合加入到水性聚氨酯改性环氧乳液中，并加入一半消泡剂，将颜料分散至 50 目以下。然后在 300～500r/min 搅拌速度下，加入另一半消泡剂和流平剂。搅拌均匀，熟化，过滤后得到 A 组分。

（2）B 组分制备：B 组分是通过对多元胺进行封端、加成后用反应型乳化剂乳化制备而成的一种水性分散体。对多元胺进行改性，增加了与环氧树脂的相容性，降低了胺的活性，延长了涂料的使用期。

（3）将 A、B 两组分按照质量比 10∶1 的比例混合，在搅拌器中混合均匀，得到水性聚氨酯改性环氧钢结构防腐涂料。

原料介绍　所述的消泡剂为一种改性聚硅氧烷类聚合物，如 DefomW－0505 或 DefomW－092。

所述的分散剂为高分子量的改性聚丙烯酸酯类聚合物和羧酸类烷醇胺盐复配，如 AFCONA－4560 或 AFCONA－4550 和 AFCONA－5071 复配。

所述的流平剂为聚醚改性聚二甲基硅氧烷溶液，如 BYK－346。

所述的防锈颜料为氧化铁红与三聚磷酸铝复配。

所述的抗闪锈剂为烷基磷酸盐，如 RAYBO60。

所述的固化剂为非离子型环氧改性多元胺分散体，由 PEG 和 E－51 环氧树脂的嵌段共聚物改性，经过部分封端多元胺所得。而改性多元胺为三乙烯四胺（TETA），封端比例在 0.5～1 范围之内。

产品应用　本品是一种水性聚氨酯改性环氧钢结构防腐涂料。

产品特性

（1）该涂料 A 组分是对 E－20 改性后的分散体。作为固化剂的 B 组分，是用环氧和亲水性基团改性过的水性分散体。该体系具备一般水性涂料优点的同时，克服了水性环氧防腐涂料本身的一些缺陷，也具备聚氨酯和环氧的优点，以它为基料制备的水性环氧防腐涂料在桥梁、管道、集装箱、工业厂房和公共设施等钢铁结构领域有着巨大的发展前景。

（2）本品既保持了环氧类涂料耐酸碱、附着力优良的性能，又具有聚氨酯类涂料耐油类、耐化学介质、涂膜强度和耐磨性能好的特点，同时其以水作为分散介质，价格低廉、无气味、不燃，储存、运输和使用过程中的安全性大大提高，而且水性环氧涂料的应用性能好，施工工具可用水直接清洗。

配方 111　水性聚酯改性环氧聚氨酯防腐涂料

原料配比

A 组分

原料		配比（质量份）					
		1#	2#	3#	4#	5#	6#
水性聚酯改性环氧树脂分散体		25	25	30	30	45	50
着色颜料	氧化铁红	12	—	—	12	—	18
	钛白粉	—	—	—	—	—	—
	锐钛型钛白粉	—	12	12	—	—	—
	锌铬黄	—	8	—	—	—	—
	中铬黄	—	—	—	—	20	—
防锈颜料	磷酸锌	10	—	7	6	—	—
	三聚磷酸铝	8	—	8	8	—	—
	氧化锌	—	—	—	3	—	—
填料	滑石粉	5	15	3	—	—	—
	硫酸钡	5	5	4	5	5	5
分散剂 BYK-190		2	1	1.5	1.5	0.5	1
消泡剂 BYK-019		1	0.8	0.6	0.5	0.7	0.7
流平剂 BYK-346		1	0.8	0.5	0.5	0.7	0.7
增稠剂水性膨润土		1	0.8	0.6	0.6	0.5	0.5
催干剂（含1% T-12）		1	1	1.5	1.5	2	2
抗闪锈剂 RAYBO60		0.5	0.5	0.6	0.8	1	1
助溶剂丙二醇甲醚乙酸酯		2.0	3.5	4	4	5	5
去离子水		20	15	13	12	8	5

制备方法

（1）在 300~500r/min 搅拌条件下，依次将分散剂、助溶剂、增稠剂、一半的消泡剂、水性聚酯改性环氧树脂分散体加入到 1/2~2/3 的去离子水中，搅拌 5~20min；提高转速至 800~1500r/min，依次加入着色颜料、防锈颜料和填料，分散 20~40min 后进行研磨，至细度在 50μm 以下；再在 300~500r/min 搅拌条件下，加入流平剂、催干剂、抗闪锈剂和剩余的消泡剂及剩余的去离子水，搅拌 5~20min，过滤后得到 A 组分。整个过程控制温度在 60℃以内。

（2）B 组分为水性多异氰酸酯分散体。

（3）将 A 组分、B 组分按照质量比（7：1）～（3：1）混合，搅拌均匀，得到水性聚酯改性环氧聚氨酯防腐涂料。

原料介绍 所述的主要成膜物质，一组分为水性聚酯改性环氧分散体，其中聚酯组分可以通过热拼法加入或是通过冷拼法加入；另一组分为水性多异氰酸酯分散体，是水性芳香族多异氰酸酯、水性脂肪族多异氰酸酯分散体或水性脂肪族多异氰酸酯三聚体分散体，如 BayhydurXP2570。其中，NCO：OH 为 1.2～1.5。

所述的着色颜料是氧化铁红、钛白粉、锐钛型钛白粉、锌铬黄、中铬黄。

所述的防锈颜料是磷酸锌、三聚磷酸铝、氧化锌、铬酸锌、氧化铁或铬酸锶。本品中的氧化铁包括氧化铁红和氧化铁黑。

所述的填料是滑石粉、硫酸钡、云母粉、硅微粉、碳酸钙或石英粉，或者是滑石粉、硫酸钡、云母粉、硅微粉、碳酸钙和石英粉中的两种或两种以上。

所述的分散剂采用高分子量的改性聚丙烯酸酯类聚合物，改性聚丙烯酸酯类聚合物的分子量在 5000～30000。消泡剂采用改性聚硅氧烷类聚合物，如 BYK–190、BYK–194、BYK–019、BYK–088 或配合使用。

所述的流平剂采用聚醚改性有机硅类流平剂，如 BYK–346、BYK–348 或配合使用。

所述的助溶剂采用醚酯类或叔醇类溶剂，如乙二醇丁醚乙酸酯、丙二醇甲醚乙酸酯、二丙酮醇或配合使用。

所述的增稠剂采用水性膨润土、HSE 纤维素或配合使用。

所述的催干剂采用有机锡类催干剂，如兑稀至 1% 含量的 T–12。

所述的抗闪锈剂采用烷基磷酸盐类抗闪锈剂，如 RAYBO60 或 PD–STAR–101。

产品应用 本品主要用作水性聚酯改性环氧聚氨酯防腐涂料。

产品特性 本品水性聚酯改性环氧聚氨酯防腐涂料可低温固化，具有良好的耐油耐水性，涂层附着力好，韧性好，耐中性盐雾可达 500h 以上，防腐性能优异。其 VOC 含量低，降低了能耗，减少了对环境的污染，属于环境友好型涂料。

配方112　水性双组分聚氨酯防腐涂料

原料配比

A 组分

原料		配比（质量份）					
		1#	2#	3#	4#	5#	6#
水		40.5	59.5	121.6	115.8	45	41
A–145 乳液		690	595	500	450	680	680
改性树脂		20	20	30	20	20	20
颜料	金红石型钛白粉	180	180	265	180	180	180
	氧化铁黄浆	—	—	—	—	—	—
	氧化铁红浆	—	—	—	—	—	—
	炭黑浆	1	1	1.4	1.2	1	1
填料	沉淀硫酸钡	—	43.5	—	—	—	—
	重质碳酸钙	—	—	—	60	—	—
	滑石粉	—	28	—	55	—	—
	高岭土	—	—	—	35	—	—

续表

原料		配比（质量份）					
		1#	2#	3#	4#	5#	6#
助剂	分散剂	7	10	9	11	7	10
	消泡剂	3	4	4	5	3	4
	pH 调节剂	2.5	3	4.5	5	2.5	2.5
	润湿剂	1	1	1.5	1.5	1.5	1.5
	流平剂	1.5	1.5	1.5	1.5	1.5	1.5
	闪锈抑制剂	2	2	2	2.5	2	2
	罐内防腐剂	0.5	0.5	0.5	1	0.5	0.5
	漆膜防霉剂	1	1	1	1	1	1
	成膜助剂	35	32	30	25	40	40
	防冻剂	3	3	3	3	3	3
	增稠剂	12	15	25	25	12	12

B 组分

原料	配比（质量份）					
	1#	2#	3#	4#	5#	6#
304 固化剂	203	176	152	138	203	185
十二醇酯	26	22	19	17.5	26	23.2
丙二醇甲醚乙酸酯	26	22	19	17.5	26	23.1

制备方法

（1）A 组分的制备：先在配料罐中加入水，于搅拌下加入分散剂、润湿剂、消泡剂、罐内防腐剂、防霉剂，再加入 pH 调节剂，调节混合液 pH 值为 8.0～9.0。加入填料、颜料、防沉剂，充分混合均匀后，将物料抽入研磨机中研磨，当浆料细度≤50μm 时，再加入自乳化羟基丙烯酸酯分散体，之后再缓慢匀速加入成膜助剂，搅拌 10～30min，加入颜料浆调色，加入增稠剂，过滤后得到漆料 A 组分。

（2）B 组分的制备：将亲水性脂肪族异氰酸酯固化剂加入配料罐中，加入少量助溶剂（高级醇醚类溶剂及酯类溶剂），高速分散 10～20min 至均匀，过滤后得到 B 组分。

原料介绍 所述的改性树脂为部分甲基化三聚氰胺甲醛树脂，配合含有—OH、—COOH 及—CONH₂ 官能团的树脂主剂，其反应性高且硬化速度快，可在无催化剂环境下中温硬化及弱酸催化剂下低温硬化。其成品光泽性、安定性及硬度良好，适用于预涂金属卷材、汽车烤漆及一般金属烤漆涂料。

所述的助剂为分散剂、消泡剂、pH 调节剂、润湿剂、流平剂、闪锈抑制剂、罐内防腐剂、漆膜防霉剂、成膜助剂、防冻剂和增稠剂。

所述的成膜助剂为二乙二醇丁醚、三甲基戊乙醇单异丁酸酯、苯甲醇的一种或一种以上的组合物；所述的分散剂为疏水性聚羧酸盐、高分子嵌段聚合体、丙烯酸聚合体的一种或一种以上的组合物；所述的罐内防腐剂为 2-甲基-4-异噻唑啉-3-酮和 5-氯-2-甲基-4-异噻唑啉-3-酮的混合物；所述的漆膜防霉剂为 2-

正辛基－4－异噻唑啉－3－酮和尿素衍生物的混合物；所述的 pH 调节剂为氨水、2－氨基－2－甲基－1－丙醇的一种或一种以上的混合物。

所述的分散剂为疏水型聚羧酸盐、高分子嵌段聚合体、丙烯酸聚合体的一种或一种以上的组合物；所述的消泡剂为矿物油类消泡剂；所述的润湿剂、流平剂为聚硅氧烷－聚醚共聚物；所述的增稠剂为水性凹凸棒土、气相二氧化硅的一种或一种以上的组合物；所述的防冻剂为 1,2－丙二醇；所述的闪锈抑制剂为螯合锌化合物；所述的异氰酸酯为亲水性脂肪族异氰酸酯；所述的颜料为二氧化钛，或是二氧化钛与氧化铁红浆、氧化铁黄浆、炭黑浆的一种或一种以上的组合物；所述的填料为硫酸钡、高岭土、滑石粉、碳酸钙的一种或一种以上的组合物。

所述的聚氨酯固化剂为亲水性脂肪族异氰酸酯。

产品应用 本品主要用作水性双组分防腐涂料。使用时，将 A 组分与 B 组分按配方的比例混合即可。

产品特性 通过采用自乳化羟基丙烯酸酯分散体作为主要成膜物质，添加改性亲水氨基树脂，形成两种高分子聚合物相互交织的网状大分子结构，保证涂膜具有很好的交联密度，从而赋予涂层优异的耐候性、耐沾污性、耐水性、耐化学药品性，漆膜物理力学性能良好。选用水性纯丙烯酸酯分散体、100% 固体分自乳化的脂肪族异氰酸酯以及耐候高档颜料，保证了涂膜的保光、保色性。涂料配方中选用的助剂均采用环保低毒甚至无毒的品种。该水性双组分聚氨酯防腐涂料是双组分常温固化类涂料，涂膜具有干燥快、光泽由高到低、平整光滑、施工方便、无溶剂气味、使用安全、无毒等特点。

配方 113   水性透明防腐涂料

原料配比

原料		配比（质量份）		
		1#	2#	3#
环氧涂料	环氧树脂乳液（55%）	30	40	35
	透明防锈颜料	50	35	45
	助剂	3	5	5
	水	17	20	5
	环氧树脂微细乳状液	50	60	55
	水性环氧固化剂	50	40	45
	稳定剂	1.5	1.5	1.5
固化剂	水性环氧固化剂	50	40	45
	透明防锈颜料	30	40	35
	助剂	1.5	3	2
	水	17	15.5	16.5
环氧涂料:固化剂		2:1	2:1	2:1

制备方法

（1）乳化剂制备：将双酚 A 型环氧树脂和聚乙二醇按照环氧基团和羟基的物质的量之比为 1:1 进行混合，加入带有搅拌装置的烧瓶中，升温到 80~90℃使原料熔化，搅拌混匀，按物料总量 0.005% ~0.03% 的比例滴加催化剂三氟化硼乙醚络合物，在 80~90℃ 下反应 1h，出料，室温冷却即得高分子乳化剂。再按照高分子乳化剂：苄基酚聚氧乙烯醚甲醛缩合物：酚甲醛缩合物磺酸钠盐 =2：1：1 的比例进行混合，制得环氧树脂乳化剂。

（2）乳状液制备：利用高速分散的方法，用步骤（1）中所制得的环氧树脂乳化剂将环氧树脂乳化成固体含量为 50% ~60% 的环氧树脂微细乳状液。

（3）涂料制备：按照配方比例，在环氧树脂乳液中加入除增稠剂外的助剂、透明防锈颜料和水，用高速分散机分散均匀后，再用砂磨机研磨到细度小于 30μm，用增稠剂和水调整黏度后，检验，过滤，包装即可。

（4）固化剂制备：将固化剂各组分混合均匀即可。

原料介绍 所述的透明防锈颜料的主要成分为磷酸二氢铝、三聚磷酸铝和/或复合磷酸锌。

所述的环氧树脂乳液是用双酚 A 型环氧树脂乳化后得到的环氧乳液。

所述的助剂至少包括分散剂、消泡剂、防闪锈剂、流平剂、防沉剂、防霉剂和增稠剂。

所述的分散剂属于羧酸聚合物的胺盐；所述的消泡剂为聚醚改性的硅氧烷溶液；所述的防闪锈剂是亚硝酸盐；所述的流平剂是聚醚改性的有机硅溶液；所述的防沉剂是气相二氧化硅；所述的增稠剂是聚氨酯合成物；所述的防霉剂是非离子表面活性剂。

所述的稳定剂为一种胺盐聚合物，国外牌号为 Hydropalat 306。

所述的水性环氧固化剂中的氨基基团可以和环氧树脂乳液分子链上的环氧基团发生交联反应。

产品应用 本品主要用作水性透明防腐涂料。将水性透明防腐涂料和环氧固化剂组分以质量比为 2：1 的比例混合均匀后即可使用。

产品特性 本品所提供的水性透明防腐涂料和配套的固化剂混合后，涂覆于黑色金属上，发生化学反应交联成膜后，具有附着力强、防锈性好、耐水、耐油等性能，并且能保留金属本身外观。该产品也是一种环保产品。

配方 114 水性长效防腐涂料

原料配比

原料		配比（质量份）		
		1#	2#	3#
复合硅酸钾锂溶液	硅酸钾溶胶	30	—	55
	锌粉	—	90	—
	去离子水	2	20	11
	氢氧化钾	2.5	7.5	5
	氢氧化锂	7.5	22.5	15
A 组分	复合硅酸钾锂溶液	15	45	30
	甲基三乙氧基硅烷	2	15	9.5
	水性环氧硅丙树脂	5	55	30

续表

原料		配比（质量份）		
		1#	2#	3#
A组分	乙二醇	1	10	5.5
	聚钛酸丁酯	0.3	2	11.5
	失水山梨醇单月桂酸酯	0.3	3	1.15
	十二醇酯	1	10	5.5
B组分	锌粉	70	75	80

制备方法

（1）取硅酸钾溶胶、去离子水、氢氧化钾、氢氧化锂、锌粉，用电渗析法制成复合硅酸钾锂溶液。

（2）取复合硅酸钾锂溶液，在不停搅拌下，加入甲基三乙氧基硅烷，再缓缓加入水性环氧硅丙树脂，并在 20~70℃ 温度下保温 6~18h，然后加入乙二醇、聚钛酸丁酯、失水山梨醇单月桂酸酯、十二醇酯，充分搅拌，在 25~75℃ 温度下保温 0.5~3h，过滤，得到 A 组分。

（3）取 625 目的锌粉（B 组分），使用时在不停搅拌下，将其加入 A 组分中搅拌，经 80 目砂网过滤即可。

原料介绍　上述配方中，复合硅酸钾锂溶液、一甲基三乙氧基硅烷是涂料中的主要成膜物质。

水性环氧硅丙树脂、十二醇酯是辅助成膜物质。

聚钛酸丁酯是偶联剂。

缩水山梨醇月桂酸单酯是消泡剂。

乙二醇用作防冻剂。

锌粉主要起防锈、防腐颜料作用。

产品应用　本品特别适合作户外防腐涂料。

产品特性　本品涂料对钢铁、水泥基材不单有范德华力，而且更主要的是有化学结合力，其附着力强、强度高、抗老化、耐辐射，长效防锈防腐。本品防腐涂料是现有防腐涂料的理想替代产品。

配方 115　水性重防腐陶瓷涂料

原料配比

原料		配比（质量份）			
		1#	2#	3#	4#
水性环氧树脂	BANCO2050	40.0	—	—	—
	AB-EP-20	—	30.0	—	36.0
	3520-WY-55	—	—	32.0	—
增稠剂	SN-621N	0.3	0.4	—	—
	GC003	—	—	0.6	0.8

续表

原料		配比（质量份）			
		1#	2#	3#	4#
成膜助溶剂	丙二醇甲醚乙酸酯	5.0	—	—	4.5
	丙二醇甲醚	—	4.0	—	—
	丙酸-3-乙醚乙酯	—	—	5.0	—
去离子水		17.5	18.7	20.0	16.5
水性增韧剂	YF-DH2093	3.9	—	—	4.0
	YF-DH1502	—	5.7	6.0	—
润湿分散剂	X840	0.5	—	—	—
	Surfynol 420	—	0.6	—	—
	BYK-191	—	—	1.0	—
	Tego-740W	—	—	—	1.0
抑泡剂	SN-154	0.6	—	0.5	—
	Tego-901	—	0.7	—	0.4
闪蚀抑制剂	CK-16	1.0	—	1.1	—
	CE660B	—	1.2	—	1.2
偶联剂	KH550	1.0	—	—	1.2
	KH570	—	—	1.0	—
	KH560	—	1.1	—	—
破泡剂	Surfynol DF-75	0.2	—	—	0.4
	941PL	—	0.3	0.3	—
流平剂	M-71	1.5	—	—	2.0
	Tego-Glide 410	—	—	0.2	—
	Tego-Glide 440	—	0.3	—	—
陶瓷粉 XZ-TC01		22.6	32.0	23.3	25.0
填料	磷酸锌	6.0	—	—	—
	石英粉	—	5.0	9.0	—
	云母粉	—	—	—	7.0
水性环氧固化剂	BANCO900	55.0	—	—	—
	H220B	—	65.0	—	—
	WH-900	—	—	70.0	—
	WE EC845-52	—	—	—	68.0
水		45.0	35.0	30.0	32.0

制备方法

A 组分的制备：

（1）称取所需量的水性环氧树脂、水、增稠剂和成膜助溶剂加入分散罐中，低速分散 5~10min，得到均匀混合物 1。

（2）称取定量的水性增韧剂、润湿分散剂、抑泡剂、闪蚀抑制剂加入混合物 1

中，再中速分散 5~10min，得到混合物 2。

（3）称取定量的偶联剂、填料和水加入混合物 2 中，高速分散 30~40min，分散完毕后，进入砂磨机研磨至细度 ≤ 40μm，得到混合物 3。

（4）称取定量的破泡剂、流平剂加入到混合物 3 中，低速分散 5~10min，调整黏度合格后用 80 目筛网过滤即得 A 组分，按比例分装即可。

B 组分的制备方法：称取定量的水性环氧固化剂和水加入分散罐中，中速分散 5~10min，即得 B 组分，用 80 目筛网过滤，按比例分装即可。

将 A 组分和 B 组分按配方比例混合均匀即得一种水性重防腐陶瓷涂料。

原料介绍 所述的水性环氧树脂乳液为浙江安邦的 AB-EP-20、邦和化工有限公司的 BANCO2050、瀚森化工有限公司的 3520-WY-55 的任意一种；所述的水性环氧固化剂优选上海昊昶精细化工的 WE EC845-52、美国气体化工产品有限公司的 WH-900、邦和化工有限公司的 BANCO900、上海汉中化工有限公司的 H220B 的任意一种。

所述的增稠剂为日本圣诺普科的 SN-612N、广州化工进出口公司的 GC003 的任意一种。

所述的成膜助溶剂为丙二醇甲醚、丙二醇甲醚乙酸酯、丙酸-3-乙醚乙酯中的任意一种。

所述的水优选去离子水。

所述的水性增韧剂为广州一夫化工的 YF-DH2093、YF-DH1502 的任一种。

所述的润湿分散剂为德国迪高的 Tego-740W、美国毕克化学的 BYK-191、上海昊昶精细化工的 X840、上海桑井化工的 Surfynol 420 中的任意一种。

所述的抑泡剂为日本圣诺普科的 SN-154、德国迪高的 Tego-901 中的任一种。

所述的闪蚀抑制剂为青岛恩泽化工的 CK-16、上海昊昶精细化工的 CE660B 的任意一种。

所述的偶联剂为南京联硅化工有限公司的 KH550、KH560、KH570 中的任意一种。

所述的破泡剂为上海昊昶精细化工的 941PL、上海桑井化工的 Surfynol DF-75 长效消泡剂中的任意一种。

所述的流平剂为德国迪高的 Tego-Glide 410、Tego-Glide 440 及广州凯奇实业的 M-71 中的任意一种。

所述的填料为石英粉、云母粉、磷酸锌中的任意一种。

所述的低速分散，速度范围是 300~500r/min。

所述的中速分散，速度范围是 600~900r/min。

所述的高速分散，速度范围是 1000~1500r/min。

产品应用 本品是一种水性重防腐陶瓷涂料，是适用于管道防腐的水性环保型重防腐陶瓷涂料。

产品特性

（1）本品以水为溶剂，无失火隐患，无环境污染，安全、环保。

（2）本品可采用刷涂、滚涂和喷涂施工，涂膜硬度极高，致密性好，具有很强的耐磨性和抗冲击性，不需要底层涂料，可直接涂覆。

（3）本品涂层具有优异的力学性能和耐化学药品性能，使用寿命持久；具有较好的绝缘性，能有效隔绝酸、碱、盐类介质的浸蚀。

（4）本品具有很强的杀菌防霉功能，可防止微生物的生长和对涂层有机物的吞噬，延长防腐年限。

（5）本品操作性能好，常温固化，且常温施工；施工工具可用水直接清洗，可以重复使用，涂料的配制和施工操作安全方便，是一种尤其适用于管道防腐的水性环保型重防腐陶瓷涂料。

配方 116　特种高性能喷涂聚氨酯弹性防水防腐涂料

原料配比

<table>
<tr><td colspan="2" rowspan="2">原料</td><td colspan="4">配比（质量份）</td></tr>
<tr><td>1#</td><td>2#</td><td>3#</td><td>4#</td></tr>
<tr><td rowspan="6">A 组分</td><td>甲苯二异氰酸酯</td><td>0</td><td>5</td><td>5</td><td>0</td></tr>
<tr><td>二苯基甲烷二异氰酸酯</td><td>30</td><td>25</td><td>30</td><td>20</td></tr>
<tr><td>多苯基多亚甲基多异氰酸酯</td><td>8</td><td>10</td><td>5</td><td>10</td></tr>
<tr><td>2000 分子量环氧丙烷二醇</td><td>30</td><td>30</td><td>30</td><td>60</td></tr>
<tr><td>3000 分子量环氧丙烷三醇</td><td>10</td><td>12</td><td>10</td><td>15</td></tr>
<tr><td>1000 分子量环氧丙烷二醇</td><td>5</td><td>5</td><td>5</td><td>10</td></tr>
<tr><td rowspan="17">B 组分</td><td>多羟环氧树脂</td><td>5</td><td>6</td><td>5</td><td>5</td></tr>
<tr><td>3,3'-二氯-4,4'-二苯基甲基二胺</td><td>20</td><td>18</td><td>15</td><td>20</td></tr>
<tr><td>2000 分子量氨醚</td><td>2.0</td><td>5</td><td>2</td><td>0</td></tr>
<tr><td>环氧丙烷聚醚树脂</td><td>40</td><td>50</td><td>40</td><td>60</td></tr>
<tr><td>滑石粉</td><td>5</td><td>8</td><td>5</td><td>8</td></tr>
<tr><td>瓷土</td><td>3</td><td>5</td><td>3</td><td>5</td></tr>
<tr><td>钛白粉</td><td>2</td><td>2</td><td>2</td><td>2</td></tr>
<tr><td>高岭土</td><td>1.75</td><td>1.75</td><td>1.75</td><td>1.75</td></tr>
<tr><td>白炭黑</td><td>0.15</td><td>0.15</td><td>0.15</td><td>0.15</td></tr>
<tr><td>炭黑</td><td>0.1</td><td>0.1</td><td>0.1</td><td>0.1</td></tr>
<tr><td>抗氧剂 1010</td><td>1.0</td><td>1.5</td><td>1.5</td><td>0.8</td></tr>
<tr><td>紫外线吸收剂 UV327</td><td>0.5</td><td>1.5</td><td>1.0</td><td>0.6</td></tr>
<tr><td>消泡剂 6800</td><td>1</td><td>2</td><td>2</td><td>2</td></tr>
<tr><td>流平剂 adherant105</td><td>2</td><td>2</td><td>2</td><td>2</td></tr>
<tr><td>附着增进剂 KL</td><td>1</td><td>1</td><td>1</td><td>1</td></tr>
</table>

制备方法

（1）A 组分的制备：在带有加热夹套的反应釜内，按 A 组分原料配比在搅拌下顺序加入各种原料，在 60r/min 搅拌下，升温至 60～80℃，反应 5～6h。当异氰酸酯基团含量的分析值接近或达到理论值时，即为反应完成，抽真空、脱泡、降温出料、包装，制得 A 组分。

（2）B 组分的制备：先在高速分散釜中加入液体原料，在转速 400～500r/min 下，先后加入配方中其他原料，然后在 1000r/min 下高速分离 30min。再经磨砂机磨砂到细度 60 目以下，将合格料打入脱水脱气釜中，抽真空，加热至 90～120℃，脱水脱气 2h，回流液中没有水分流出时即为脱水脱气过程完成。打入冷却釜中，降温出料、包装，制得 B 组分。

（3）采用专用喷涂设备将 A、B 组分按质量比为 1∶1 喷涂。

原料介绍　所述的颜、填料包括各色颜料、钛白粉、高岭土、滑石粉、瓷土、白炭黑和炭黑。

所述的助剂包括 6800 消泡剂、5300 消泡剂或 5500 消泡剂；leveslip810 流平剂、875 流平剂或 579 流平剂；adherant105 流平剂或 KL 附着增进剂；辛酸亚锡或异辛酸铅促进剂。

产品应用　本品主要应用于高铁客运专线桥梁混凝土有墙桥面、无墙桥面及铁路桥梁涵洞防水工程，也可适用于对防水防腐性能有较高要求的其他建筑物、构筑物的防水层等方面。

产品特性　本品既可以在常温下使用，又可以在 60～65℃下使用，对环境不会造成污染，生产过程效率高、节能、成本低。

配方 117　特种防腐涂料

原料配比

原料	配比（质量份）	
	1#	2#
高氯化聚乙烯树脂（HCPE）	15	13
二甲苯甲醛树脂	5	—
玻璃化温度为 72℃ 的丙烯酸树脂	—	14
氯化石蜡	7	8
双酚 A 型环氧树脂	0.8	1.2
亚磷酸三苯酯	0.25	0.8
二甲苯	10	15
S100 号芳烃溶剂	30	30
铁红	8	—
云母氧化铁灰	8	—
铝粉	1.5	—
磷酸盐	1.2	—
石墨	5	—
云母	8	4
有机膨润土	0.25	—
BYK-163 溶液	—	0.3
钛白粉	—	11.7
硫酸钡	—	6

制备方法　将成膜树脂加入到由二甲苯和芳烃溶剂组成的混合溶剂中，搅拌溶解，然后加入增塑剂、增韧剂、稳定剂、防锈颜填料和防沉剂，分散均匀即可。

原料介绍　所述的增塑剂采用氯化石蜡、邻苯二甲酸二辛酯、邻苯二甲酸二丁酯中的一种或几种的混合物，优选为氯化石蜡；所述的增韧剂采用双酚 A 型环氧树脂或丙烯酸钠；所述的稳定剂采用亚磷酸三苯酯、磷酸三苯酯、硬脂酸类、氢化蓖麻油中的一种或几种的混合物，优选为亚磷酸三苯酯；所述的防沉剂采用气相二氧化硅、有机膨润土或甲基吡咯烷酮的一种或几种的混合物；所述的除二甲苯之外的芳烃溶剂可以采用甲苯、三甲苯，优选为三甲苯，如 S100 号芳烃溶剂；所述的分散剂为丙烯酸酯类高分子嵌段共聚物溶液，如 BYK – 163、BYK – 181、BYK – VP – 354 中的一种或几种的混合物。

产品应用　本涂料用作钢结构表面除锈，以及外防腐用涂料。

产品特性　本涂料包括防锈底漆和耐候面漆，其中防锈底漆具有优异的防腐性能，耐水、耐盐雾、耐磨、防锈、耐阴极保护、耐老化；具有快干性，施工方便；具有优异的低温施工性能；具有极强的附着力和优良的物理机械性能，柔韧性好，抗冲击强度高，耐磨性能优异；重涂及修补性好，维修方便。

本涂料耐候面漆具有突出的耐大气老化、抗紫外线降解、耐臭氧性能；具有极强的附着力和优良的物理机械性能，柔韧性好，抗冲击强度高，耐磨性能优异；重涂及修补性好，维修方便；耐盐雾、耐水和干湿交替性能好。

配方 118　铜合金用防腐涂料

原料配比

原料		配比（质量份）		
		1#	2#	3#
主原料（A 组分）	聚氨酯改性环氧树脂	38	37	40
	云母粉	37	—	—
	玻璃鳞片	—	40	—
	不锈钢鳞片	—	—	39
	滑石粉	4	—	—
	氧化铁红	—	8	—
	沉淀硫酸钡	4	—	—
	钛白粉	—	4	5
	分散剂 BYK – P104	0.2	—	—
	分散剂 BYK – 163	—	0.2	—
	分散剂 ANTI – 203	—	—	0.2
	消泡剂 2700	0.2	—	—
	消泡剂 6800	—	0.2	—
	消泡剂 BYK – 085	—	—	0.2
	流平剂 BYK – 344	0.8	—	—
	流平剂 BYK – 306	—	0.8	—
	流平剂 BYK – 354	—	—	0.8
	防沉剂溶液	0.8	0.8	0.8
	稀释剂	15	13	14

续表

原料		配比（质量份）		
		1#	2#	3#
固化剂 （B组分）	改性芳香胺	85	80	97
	稀释剂	15	20	3
促进剂 （C组分）	偶联剂 KH－550	100	—	—
	偶联剂 KH－171	—	100	—
	偶联剂 KH－570	—	—	100

制备方法

（1）A组分的制备：按照原料配比将环氧树脂、颜填料、助剂、稀释剂加入研磨罐中，进行分散、研磨至细度达到规定要求，过滤，包装。

（2）B组分的制备：按照原料配比将改性芳香胺固化剂与稀释剂加入分散罐中，开动搅拌，分散均匀，过滤，包装。

（3）C组分为单独包装，直接使用。

（4）将涂料的A组分、B组分、C组分按照 5：（0.8～1.2）：（0.08～0.12）的比例混合，充分搅拌均匀，即制成铜合金用防腐涂料。

原料介绍　所述的环氧树脂是环氧当量为 200～1000g/mol，黏度为 2000～80000mPa·s 的聚氨酯增韧环氧树脂。

所述的固化剂是邻苯二甲酸二丁酯改性的间苯二胺、间苯二甲胺、二氨基二苯基甲烷、二氨基二苯基砜、间氨基甲胺、联苯胺、4-氯邻苯二胺、苯二甲胺三聚体、苯二甲胺三聚体衍生物、双苄氨基醚等改性芳香胺固化剂中的一种或几种的混合物。所述的固化剂的配制：改性芳香胺固化剂经稀释剂稀释而成，配制在常温下进行，充分搅拌均匀，固化剂与稀释剂的配比为固化剂：稀释剂（80%～100%）：（0～20%）。稀释剂选用二甲苯、正丁醇、异丁醇、丙酮、乙醇、甲基异丁基酮、乙酸正丁酯、乙酸异丁酯、乙酸乙酯、丁酮中的一种或几种的混合物。

所述的颜填料为云母氧化铁红、云母粉、玻璃鳞片、不锈钢鳞片、氧化铁红、滑石粉、沉淀硫酸钡、钛白粉中的一种或几种的混合物。

所述的添加剂为消泡剂、流平剂、分散剂、防沉剂、固化促进剂中的一种或几种的混合物。所述的分散剂为 ANTI-203、BYK-P104、BYK-P104S、Disperbyk-142、BYK-180、BYK-163 中的一种或几种；所述的消泡剂为 6800、2700、3100、3200、BYK-085、5700、BYK-077 中的一种或几种；所述的流平剂为 BYK-354、BYK-353、BYK-306、BYK-341、BYK-344 中的一种或几种；所述的防沉剂为有机膨润土、气相二氧化硅、229、A630-20X、A650-20X 中的一种或几种；所述的固化促进剂为 DMP-30、水杨酸、苯甲醇中的一种或几种。

所述的防沉剂采用稀释剂稀释而成，制备在常温下进行，充分搅拌均匀，防沉剂与稀释剂的配比为防沉剂：稀释剂为（5%～15%）：（85%～95%）。稀释剂选用二甲苯、正丁醇、异丁醇、丙酮、甲基异丁基酮、乙酸正丁酯、乙酸异丁酯、乙酸乙酯、丁酮中的一种或几种的混合物。

所述的附着力促进剂为偶联剂 KH-550、KH-560、KH-570、KH-580、KH-171 中的一种或几种的混合物。

产品应用 本品是一种铜合金用防腐涂料。

产品特性 本品保持了环氧涂料良好的防腐性能，而且提高了涂料在铜合金表面的附着力，解决了常规涂料在铜合金表面容易脱落的问题。

配方119 无铬锌铝防腐涂料

原料配比

原料	配比（质量份）	
	1#	2#
鳞片状锌粉	5~10	5~10
鳞片状铝粉	10~15	10~15
环己酮①	—	30~40
乙二醇乙醚乙酸酯①	30~40	—
脂肪醇聚氧乙烯醚	1.5~1.8	1.5~1.8
硫脲	3~5	3~5
经纳米级乳液表面改性的纳米二氧化硅	5~10	5~10
聚氨酯改性环氧树脂	8~15	8~15
有机硅烷偶联剂	1~3	1~3
乙二醇乙醚乙酸酯②	25~30	—
环己酮②	—	25~30
羟乙基纤维素	0.05~0.5	0.05~0.5

制备方法

（1）先将鳞片状锌粉和鳞片状铝粉搅拌均匀，再加入有机溶剂、分散剂、缓蚀剂和无机添加剂，搅拌20~40min，制成基料。

（2）将改性树脂、有机硅烷偶联剂和有机溶剂（环己酮①、乙二醇乙醚乙酸酯①）搅拌均匀后添加到基料中，搅拌30~50min，制得无铬锌铝防腐涂料。

（3）将改性树脂、有机硅烷偶联剂和有机溶剂（环己酮②、乙二醇乙醚乙酸酯②）搅拌均匀后添加到基料中，搅拌30~50min，再加入羟乙基纤维素，搅拌20~50min，制得无铬锌铝防腐涂料。

原料介绍 所述的鳞片状锌粉的片径为10~15μm，厚度为0.1~0.2μm。

所述的鳞片状铝粉的片径为10~12μm，厚度为0.1~0.2μm。

所述的有机溶剂为乙二醇乙醚乙酸酯、乙酸丁酯、甲基丙烯酸丁酯、邻苯二甲酸二辛酯、丙酮、环己酮、甲乙酮、异丙醇、正丁醇、乙二醇和丙二醇中的一种以上，前后两次加入的一种以上的有机溶剂均相同。

所述的分散剂为脂肪醇聚氧乙烯醚类。

所述的缓蚀剂为硫脲或为苯并三氮唑。

所述的无机添加剂为经纳米级微乳液表面改性的纳米二氧化硅，或为经纳米级微乳液表面改性的纳米碳化硅。

所述的改性树脂为环氧改性丙烯酸树脂、聚氨酯改性环氧树脂和环氧改性酚醛树脂中的一种以上。

所述的有机硅烷偶联剂为有机硅烷偶联剂 KH-550、KH-560、KH-570 和 KH-

900 中的一种。

产品应用 本品主要在汽车、医药、电力、石油及军工等领域有相当广泛的应用。

产品特性 本品制备在常温下进行，工艺简单，生产时间短，降低了生产成本；所采用的黏结剂为有机硅烷偶联剂及改性树脂，而非铬酐，实现了涂料和涂层的完全无铬化，成为真正的生态环保涂料；有机硅烷偶联剂通过烷基化，能够与钢、铁等基层表面的铁离子反应形成锌-硅酸-铁化合物，并且也能够和锌粉微细粒子表面的锌离子反应，形成一层坚硬的膜包覆在微细粒子的表面，从而与钢材基层黏结在一起，大大提高了涂层在金属表面的附着力和耐蚀性；所采用的无机添加剂为经纳米级微乳液表面改性的纳米二氧化硅或经纳米级微乳液表面改性的纳米碳化硅，大大提高了涂层的硬度、耐划伤性、耐磨性和耐腐蚀性能，有效地降低了涂层固化导致的微裂纹；制品中的有机溶剂属于中低沸点的溶剂，能在（220±10）℃固化附着在金属基材表面，低于常规工艺的固化温度（300℃），大大降低了使用时的能耗，节约了处理成本。本品具有环境友好、能耗小和成本低的特点，所制得的无铬锌铝防腐涂料，涂覆后的涂层冲击强度高、耐蚀性好、结合力强和硬度高。

配方 120　无机硅酸锌重防腐涂料

原料配比

原料		配比（质量份）		
		1#	2#	3#
A 组分	无水乙醇	12	16	20
	聚乙烯醇缩丁醛	—	3	—
	环氧树脂 E-44	5	—	1.6
	乙二醇	12	7	20
	二甲苯	6	8	10
	202P（聚乙烯蜡）	6	4	2
	鳞片状锌粉	59	53	46.4
B 组分	正硅酸乙酯	60	50	37.8
	甲基三乙氧基硅烷	2.5	—	2.2
	γ-(2,3-环氧丙氧)丙基三甲氧基硅烷	2.5	3	—
	异丙醇	10	12	17
	无水乙醇	20	25	28
	酸化水	5	10	15
	氯化锌	0.5	0.5	0.75
	盐酸	0.15	0.3	0.45
	去离子水	4	9.2	13.8
A 组分		1	1.2	1.5
B 组分		1	1	1

制备方法

（1）A 组分：按照原料配比将各组分混合均匀制得 A 组分。

（2）B组分：按照原料配比将正硅酸乙酯、甲基三乙氧基硅烷、异丙醇、无水乙醇、酸化水在中速搅拌下混合，再按照原料配比加入氯化锌、盐酸、去离子水进行水解，水解后制得B组分。

（3）将步骤（1）、步骤（2）制得的A组分、B组分按照质量比（1～1.5）：1混合而成（两组分放入后，盐酸与锌反应生成少量氯化锌）。

产品应用　本品是一种鳞片状锌基无机硅酸锌重防腐涂料。

产品特性

（1）本品中的鳞片状锌粉底漆所需的最小涂层厚度可小于球状锌粉底漆的厚度。

（2）与普通富锌底漆相比，本品能保证足够大的电接触面积，使可接受的PVC、CPVC的范围更宽，这样既可以提供足够的阴极保护，又能保持更高的共聚黏结力。

（3）与普通富锌底漆相比，本品有更好的抗沉降性，使底漆中锌含量的不均匀性大大减小。同时，由于鳞片锌在涂膜中平行交叠排列，锌片在涂膜中不仅起到牺牲阳极的作用，而且还起到屏蔽作用，大大减少了水、离子在涂膜中的渗透，从而增强涂层的防腐作用。本品以国产鳞片锌粉为主，配制成鳞片状锌基无机硅酸锌重防腐涂料，与普通富锌底漆相比，它在锌粉含量和涂层厚度上可减少许多，在带漆焊接过程中普通富锌底漆产生的锌雾很大，而鳞片状锌粉底漆产生的锌雾很小，对施工人员危害较小，是普通无机和有机富锌底漆的更新换代产品。

配方 121　无溶剂型古马隆改性环氧重防腐涂料

原料配比

原料		配比（质量份）			
		1#	2#	3#	4#
底漆的A组分	有机磷阻燃剂 FR-U705	65	80	70	42
	二甲苯与PMA的混合溶剂	30	35	20	21
	液体古马隆树脂	30	7500	73	20
	钡锌稳定剂	30	15	26	28
	超高分子量分散剂 32500	4	1	2	5
	反应型环氧增韧剂 CYH-277	30	72	68	79
	固体古马隆树脂（粉碎）	60	55	50	34
	脱泡消泡剂 SP-860	3	1	4	4
	重晶石粉（500目）	350	270	310	400
	氟磷酸钙粉	115	98	150	146.2
	云母粉（1000目）	60	100	40	42
	气相二氧化硅	20	10	5	4
	环氧树脂 828	200	183	180	171
	流平剂 B-4000	2	1	1	1.8
	除味剂 BIOPLUS1001	1	4	1	2
底漆的B组分	环氧固化剂 JT-509	60	50	58	46
	环氧固化促进剂 DO509	40	50	42	54

续表

原料		配比（质量份）			
		1#	2#	3#	4#
面漆的C组分	有机磷阻燃剂 FR－U705	80	70	60	45
	二甲苯与 PMA 的混合溶剂	30	40	21	40
	液体古马隆树脂	50	67	76	79
	钡锌稳定剂	60	70	77	75
	超高分子量分散剂 32500	4	5	4.2	3.8
	反应型环氧增韧剂 CYH－277	66	68	80	75
	固体古马隆树脂（粉碎）	150	122.4	140	148
	脱泡消泡剂 SP－860	2	3	2.8	4
	高钛粉	280	230	240	210
	高色素炭黑 C311	3	3	2.7	3.5
	气相二氧化硅	20	15	4.1	18
	环氧树脂 828	250	300	289	296
	流平剂 B－400	2	1.60	1.2	1
	除味剂 BIOPLUS1001	3	5	2	1.7
面漆的B组分	环氧固化剂 JT－509	50	45	47	58
	环氧固化促进剂 DO509	50	55	53	42

制备方法

（1）A 组分的制备：按原料配比将有机磷阻燃剂、二甲苯与 PMA 的混合溶剂、液体古马隆树脂、钡锌稳定剂、超高分子量分散剂 32500、反应型环氧增韧剂、预先经粉碎的固体古马隆树脂、重晶石粉、氟磷酸钙粉、云母粉、脱泡消泡剂及气相二氧化硅投入拉缸中，高速分散约 30min。然后经砂磨机研磨，控制研磨细度不大于 60μm，之后投入配比量的环氧树脂、流平剂及除味剂，高速分散约 20min 即可。

（2）B 组分的制备：按原料配比将环氧固化剂及环氧固化促进剂混合搅拌均匀即可。

（3）将 A 组分与 B 组分按 A∶B＝10∶（0.5～1）的比例搅拌而成底漆。

（4）C 组分的制备：按原料配比将有机磷阻燃剂、二甲苯与 PMA 的混合溶剂、液体古马隆树脂、钡锌稳定剂、超高分子量分散剂 32500、反应型环氧增韧剂、预先经粉碎的固体古马隆树脂、高钛粉及高色素炭黑、气相二氧化硅投入拉缸中，高速分散约 30min。然后经砂磨机研磨，控制研磨细度不大于 40μm，之后投入环氧树脂、流平剂、脱泡消泡剂及除味剂，高速分散约 20min 即可。

（5）将 C 组分与 B 组分按 C∶B＝10∶（1～2）的比例搅拌而成面漆。

产品应用　本品是一种无溶剂、环保、性能突出的重防腐涂料，可应用于传统的船舶工业、各种储罐内壁、地下埋管，还可应用于机床、海上采油平台、钢结构以及化工厂室内外防腐涂装，拥有较宽的应用领域。

产品特性

（1）优异的物理力学性能　本品涂料在交联固化后能够形成类似瓷釉一样的光洁涂层，由于交联密度高，使涂层坚硬，且具有较好的柔韧性、耐磨性、耐划伤性、耐冲击性。本品涂料在反应固化过程中收缩率低，具有一次性成膜较厚、边缘覆盖性好、内应力较小、不易产生裂纹等特点。

（2）优异的耐化学品性和防腐性能　高度交联的涂料涂层具有优异的耐化学品性，能耐海水、酸、碱、盐、各种油品、脂肪烃等化学品的长期浸泡。由于含极少量挥发性有机溶剂，在干燥成膜过程中不会因溶剂挥发而留下孔隙，且成膜厚，涂膜致密性佳，能有效抵挡水、氧等腐蚀性介质透过涂层而腐蚀基材。

（3）环保和无毒性　本品涂料的有效成分高达97%以上，在施工应用过程中无须采用挥发性有机溶剂作为稀释剂，可挥发的有机物（VOC）含量极低，降低了对通风量的要求，减少了有机物挥发造成的资源浪费和环境污染，以及对施工人员的伤害。本品涂料经检验，符合卫生标准要求。

（4）采用双组分高压无气喷涂机，一次施涂即可达到250～300μm的干膜厚度，克服了以往多次施工的弊病。

（5）施工不受环境温度的影响，即使-10℃漆膜也可干燥，克服了因环境温度变化不能施工的弊病。

（6）漆膜经两年室外暴晒试验，粉化低于2级，光泽保持率大于75%，涂膜表现出良好的耐候性，解决了环氧树脂涂料不能用于室外的问题。

配方122　无溶剂长效抗静电防腐涂料

原料配比

原料		配比（质量份）		
		1#	2#	3#
A组分	环氧树脂E-51	270	291.5	224.5
	聚乙二醇二缩水甘油醚	67.5	50	85
	分散剂	5	15	10
	消泡剂	2.5	4	2
	钛白粉	12	24.5	5
	偶联剂	15	10	20
	导电云母粉	120	99.5	150
	BYK-410	2.5	3	1
B组分	改性脂肪胺6892	405	427.5	360
	丙烯酸乙酯	5.8	3.4	4.5
	丙烯酸丁酯	4.5	4.5	5
	甲基丙烯酸甲酯	4.5	4.5	9
	苯乙烯	6.7	2.3	27
	DMC	13.5	4.5	36
	GMA	13.5	3.3	8.5
	偶氮二异丁腈	2	1.3	5.15
	A:B	80:20	70:30	85:15

制备方法

（1）A组分的制备：将一定量的环氧树脂和聚乙二醇二缩水甘油醚混合均匀，

然后加入分散剂、消泡剂，分散均匀后，加入颜料（钛白粉），混匀后研磨至要求细度，在搅拌速度为 800r/min 的条件下，先加入偶联剂，然后慢慢加入导电云母粉，之后加入流变助剂 BYK－410，搅拌均匀后出料，得 A 组分。

（2）B 组分的制备：在三口瓶中加入一定量的改性脂肪胺，升温到 75℃，在 3h 内滴加完混合单体和引发剂，之后在 75℃保温反应 2h，得 B 组分。

（3）取一定量的 A、B 组分，混合均匀后，得无溶剂长效抗静电防腐涂料。

原料介绍　所述的偶联剂是硅烷偶联剂或钛酸酯偶联剂。

所述的反应性导静电助剂是带有季铵盐类阳离子基团的丙烯酸聚合物，且该聚合物的支链上带有改性脂肪胺。

所述的 DMC 是甲基丙烯酰氧乙基三甲基氯化铵。

所述的 GMA 是甲基丙烯酸缩水甘油醚。

产品应用　本品是一种无溶剂高效抗静电防腐涂料，主要应用于金属油罐内壁的抗静电防腐领域，也可以作为其他金属构件的抗静电防腐涂料使用。

产品特性　本品通过向固化剂组分中引入含有季铵盐类阳离子的导静电助剂，降低了导电粉的用量，实现了涂料的无溶剂化。同时，通过改性脂肪胺将该导静电助剂连接在环氧树脂上，使涂层的导静电组分不会随水或有机溶剂的排放而流失，起到了长效抗静电防腐的作用。

配方 123　橡胶沥青防腐涂料

原料配比

原料		配比（质量份）		
		1#	2#	3#
A 组分				
沥青		65	70	75
松焦油		6	5	7
溶剂（二甲苯：200#汽油＝1:1）		28	21	15
硬脂酸		1	4	3
B 组分				
混炼胶		6	8	11
混炼胶	氯丁胶	5.28	7.2	10.12
	防老剂丁	0.18	0.32	0.44
	氧化锌	0.54	0.48	0.44
树脂液		5	2	4
树脂液	酚醛树脂	1.2	0.6	1.52
	溶剂	3.8	1.4	2.48
溶剂		65	80	70
丁苯胶		24	10	15
成品				
A 组分		25	30	36
B 组分		11	15	18

续表

原料	配比（质量份）		
	1#	2#	3#
石棉纤维	7	4	2
珍珠岩	3	5	6
再生胶粉	6	3	8
滑石粉	3	7	3
硬脂酸锌	6	8	10
溶剂	39	28	17

制备方法　制备方法分三步：先分别制备 A 组分、B 组分，然后将两种组分混合成成品涂料。

（1）A 组分的制备：将沥青先破碎成小块，检查混入的杂物，然后按原料配比将原料依次加入到反应釜中，开动搅拌器，加热升温至 60℃以上，连续搅拌至沥青全溶。

（2）B 组分的制备：先制备混炼胶和树脂液，然后将两者混合溶解。

混炼胶的制备：将氯丁胶、防老剂、促进剂混合，在开炼机上进行混炼，混炼条件不做特殊要求，采用一般工艺条件即可，混炼后下片冷却。

树脂液的制备：按原料配比将树脂与溶剂依次加入到反应釜中，在 80~85℃下，连续搅拌 30~40min 至全溶。

将混炼胶、溶剂、丁苯胶依次投入到反应釜中，搅拌均匀，然后将树脂液再加入到釜中继续搅拌均匀即可。

（3）涂料成品的制备：将 A 组分、珍珠岩、石棉纤维、橡胶粉、滑石粉、触变剂、溶剂投入到反应釜中，搅拌均匀，然后将 B 组分投入釜中，继续搅拌均匀后即为成品。

原料介绍　在本品涂料中，沥青作为主要的防腐、防水材料，因沥青的黏合性较差，故加入氯丁胶作为黏合防腐成膜材料。另外，还添加了各种辅助材料来提高涂料的力学性能和喷涂性能，加入松焦油进行增黏和提高柔韧性，以及耐稀酸、稀碱、老化性能；加入硬脂酸作为润滑剂，改善涂料的喷涂性能；加入石棉纤维，改进涂料的力学性能，增加涂层的强度；加入滑石粉和珍珠岩，作为涂料的填充、补强材料，来增加涂料的强度和硬度；加入橡胶粉作为耐老化、阻尼的材料，这种胶粉可以是天然胶、合成胶或再生胶。促进剂和防老剂作为氯丁胶混炼时的助剂材料，促进剂为金属氧化物类促进剂，可以是氧化锌或氧化镁，防老剂可以是防老剂甲或防老剂丁。在涂料中还加入了树脂和丁苯胶来对氯丁胶进行改性，调整其溶解度参数，较好地解决了涂料喷涂拉丝的缺陷，同时还可降低涂料的生产成本。树脂可用酚醛树脂或醇酸树脂。

涂料中的触变剂选硬脂酸盐类，最好是硬脂酸锌，使用该触变剂解决了涂层流坠的难题，同时该触变剂在涂料中还可兼作稳定剂、润滑剂和分散剂。

产品应用　本品主要用作钢结构防腐涂料。

产品特性　本品具有优良的防腐性能，耐高低温性能，以及良好的弹性、黏着性、防水隔热性、耐稀酸稀碱性。

配方124 用于燃气设备的铜质换热器防腐涂料

原料配比

原料	配比（质量份）
环氧树脂、酚醛环氧树脂或有机硅改性环氧树脂	20
溶剂	48
油溶性酚醛树脂	11
氨基树脂	2
钛白粉	5
炭黑	5
石墨粉	3
分散剂	0.5
云母粉	2
滑石粉	2
助剂	1.5

制备方法 将各组分在高速分散机内混合均匀，用砂磨机研磨细度达到30μm，用160目滤布过滤，得到产品。

原料介绍 所述的环氧树脂选自E-03环氧树脂、E-06环氧树脂或E-14环氧树脂。

所述的溶剂选自二甲苯、环己酮或正丁醇。

所述的酚醛环氧树脂可采用市售产品，如无锡石化公司生产的F-44酚醛环氧树脂或F-51酚醛环氧树脂。

所述的有机硅改性环氧树脂，是有机硅预聚物与环氧树脂反应的产物，可采用市售产品，如武汉材料保护研究所牌号为WT-500的环氧改性有机硅树脂产品。

所述的油溶性酚醛树脂可采用市售产品，如上海新华树脂厂生产的210、211松香改性酚醛树脂，284和2402酚醛树脂。

所述的氨基树脂可采用市售产品，如江苏三木公司生产的582氨基树脂、582-2氨基树脂、590氨基树脂、747氨基树脂和717氨基树脂。

所述的分散剂是聚丙烯酸酯类分散剂、阴离子型表面活性剂或高分子聚合物分散剂中的一种，可采用市售产品，如德谦公司生产的904、926、DP-983产品。

所述的钛白粉是金红石型钛白粉，如R-902钛白粉或锐钛型钛白粉。

所述的助剂包括流平剂、消泡剂、固化促进剂等。

所述的流平剂选自改性聚硅氧烷、聚丙烯酸酯类或高沸点溶剂型流平剂中的一种，可采用市售产品，如德谦公司生产的431、495、TSP产品。

所述的消泡剂选自改性聚硅氧烷、非聚硅氧烷高分子聚合物或丙烯酸酯共聚物中的一种，可采用市售产品，如德谦公司生产的6500、3100、3600产品。

所述的固化促进剂选自无机酸类、有机酸盐、封闭型有机酸或酸性高分子化合物中的一种，可采用市售产品，如德谦公司生产的KB、KC产品。

本品是一种用于燃气设备铜质换热器的防腐涂料，其制备方法是十分简单的，按配方要求将各材料用高速分散机混合均匀，用砂磨机研磨到细度30μm为止，调整到合适的黏度（如涂-4计，100s），用滤布（160目）过滤，即可获得产品。

产品应用 本品主要用作燃气设备铜质换热器的防腐涂料。

产品特性 施用本品后的冷凝式燃气热水器，能够满足耐久性需求，在设计寿命内的热效率、热负荷、热水产率、烟气排放等热工性能都能满足使用要求。

配方 125　有机硅改性环氧耐热防腐涂料

原料配比

有机硅改性环氧耐热树脂原料

原料	配比（质量份）
甲基苯基有机硅低聚物	150
环氧树脂 E-20	155
二甲苯	140
环己酮	60
环烷酸锌催化剂	0.5

有机硅改性环氧耐热防腐涂料主剂

原料	配比（质量份）
有机硅改性环氧树脂	52
钛白粉	22
云母粉	11
防沉剂 201P	2.3
二甲苯	5
丁酯	2.5
助剂	0.3

制备方法

（1）采用甲基苯基硅氧烷单体进行预聚物的合成而得有机硅低聚物。

（2）以二甲苯和环己酮作为混合溶剂，加入环烷酸锌催化剂、环氧树脂 E-20 和有机硅低聚物，在 130℃反应 4h，得到淡黄色透明液体，再加入适量溶剂制得固含量为 50% 的溶液，即得基料树脂。

（3）向基料树脂中加入钛白粉、云母粉、防沉剂、二甲苯、丁酯、助剂即得涂料主剂。

（4）固化剂采用聚酰胺固化剂 NX2016，主剂∶固化剂 = 10∶1。

产品应用 本品广泛应用于钢铁烟囱、高温管道、高温炉、石油裂解装置、高温反应设备及军工设备等表面的涂装防腐。

产品特性 本品涂料具有优异的耐热性和防腐性能，能适应 250~400℃的高温环境，可防止钢铁等金属在高温下的热氧化腐蚀，确保设备长期使用。

配方 126　有机硅耐高温防腐涂料

原料配比

原料	配比（质量份）	
	1#	2#
有机硅树脂及固化剂	15~40	15~40
耐高温填料	15~60	5~25

续表

原料	配比（质量份）	
	1#	2#
催干剂	0.01~0.5	0.01~0.5
添加剂	0.05~0.5	0.05~0.5
偶联剂	0.1~5	0.1~5
溶剂	1~64	1~64

原料	配比（质量份）		
	3#	4#	5#
环氧改性有机硅树脂和聚酰胺的混合物	30	30	30
不锈钢粉	20	—	20
玻璃粉	38	58	20
滑石粉	—	—	18
铬酸酐	0.2	0.2	0.1
辛酸锌	0.2	0.2	0.05
γ-巯丙基三乙氧基硅烷	2.5	2.5	0.5
二甲苯	8	8	8
环己酮	1.1	1.1	3.35

制备方法　先将耐高温颜料、填料和添加剂（如铬酐等）混合，并不断搅拌，再加入催干剂，再不断搅拌，最后加入改性有机硅树脂、偶联剂和固化剂，即配成所述的有机硅耐高温防腐蚀涂料。

使用方法：使用前，先将工件表面的油污和锈层去除并清洗干净，或采用喷砂处理进行除锈，然后将有机硅耐高温防腐涂料直接刷涂或喷涂在工件表面，在室温条件下自然干燥48h即可。

原料介绍　所述的耐高温颜料为不锈钢粉或铬铁黑，不锈钢粉或铬铁黑的粒度为1μm。

所述的有机硅树脂为环氧改性有机硅树脂；所述的固化剂为聚酰胺，聚酰胺为聚酰胺650、聚酰胺651或聚酰胺300#。

所述的耐高温填料为玻璃粉、云母粉或滑石粉中的一种或其中的几种混合，玻璃粉、云母粉或滑石粉的粒度小于1μm。

所述的催干剂为辛酸盐或环烷酸盐。

所述的辛酸盐为辛酸锌、辛酸钴、辛酸镁或辛酸铁中的一种或其中的几种混合；环烷酸盐为环烷酸钴、环烷酸镍、环烷酸锰、环烷酸锌、环烷酸钙、环烷酸钾、环烷酸锆或环烷酸钒的一种或其中的几种混合。

所述的添加剂为铬酸酐、钨酸钾、钼酸钾、钒酸钾、高锰酸钾或重铬酸钾。

所述的偶联剂为硅烷偶联剂，硅烷偶联剂为γ-氨基丙基三乙氧基硅烷、γ-巯丙基三乙氧基硅烷或γ-缩水甘油醚基三甲氧基硅烷。

所述的溶剂为二甲苯、乙酸乙酯、正丁醇或环己酮中的一种或其中的几种混合。

产品应用　本品主要用于烟囱、高温蒸汽管道、热交换器、高温炉、石油裂解设备、发动机部位及排气管等方面。

产品特性　本品涂装工艺简单，涂料可直接刷涂或喷涂在工件表面上，室温干燥固化即可，不需在高温下固化，涂层性能优良；本品所形成的涂层附着力强，耐蚀性、耐酸性好。有机硅耐高温防腐蚀涂料在温度较低时，以有机硅树脂为主要耐高温物质，升高温度后，利用聚有机硅氧烷受热氧化时仅发生侧链有机基的断裂而硅氧主链几乎不被破坏的特点，添加耐高温颜填料，如玻璃粉等，当有机硅树脂受热分解而炭化失去足够的黏结性能时，玻璃陶瓷材料便开始熔化，从而接替有机硅树脂，继续起到对颜料和基体金属的黏附成膜作用。添加剂的作用是提高涂层耐蚀性及对所服役环境介质的抗性。

配方127　有机防腐涂料

原料配比

原料	配比（质量份）		
	1#	2#	3#
PS 树脂	250	290	175
丁苯橡胶	8	9.8	6.3
二甲苯	1050	1280	745
环氧树脂	60	80	42
石油树脂	40	70	32
邻苯二甲酸二辛酯	21.8	30.4	15.2
邻苯二甲酸二丁酯	25	28	14
氧化铁红	50	250	175
硫酸钡	46	145	75

制备方法

1#配方的制备：将 PS 树脂 250kg、丁苯橡胶 8kg 在炼胶机上进行加热混炼（温度 35～38℃），搅拌速度 140r/min，时间 2h，将混炼好的混合物加入到盛有 1000kg 二甲苯溶剂的反应釜内，进行搅拌溶解，待溶解完全透明后，再加入环氧树脂 60kg、石油树脂 40kg、助剂邻苯二甲酸二辛酯 20kg、邻苯二甲酸二丁酯 25kg，搅拌反应，制成基料。加入邻苯二甲酸二辛酯助剂 1.8kg、氧化铁红颜料 50kg、硫酸钡填料 46kg，搅拌 1.5h，再加入二甲苯溶剂 50kg，搅拌混溶 2h，经研磨机研磨，过滤，制得本防腐涂料。

2#配方的制备：将 PS 树脂 290kg、丁苯橡胶 9.8kg 在炼胶机上进行加热混炼（温度 35～38℃），搅拌速度 180r/min，时间 1h，将混炼好的混合物加入到盛有 1200kg 二甲苯溶剂的反应釜内，进行搅拌溶解，待溶解完全透明后，再加入环氧树脂 80kg、石油树脂 70kg 和邻苯二甲酸二辛酯助剂 28kg、邻苯二甲酸二丁酯 28kg，搅拌反应，制成基料。加入邻苯二甲酸二辛酯助剂 2.4kg、氧化铁红颜料 250kg、硫酸钡填料 145kg，搅拌 1.5h，再加入二甲苯溶剂 80kg，搅拌混溶 2h，经研磨机研磨，过滤，制得本防腐涂料。

3#配方的制备：将 PS 树脂 175kg、丁苯橡胶 6.3kg 在炼胶机上进行加热混炼（温度 35～38℃），搅拌速度 180r/min，时间 1h，将混炼好的混合物加入到盛有 700kg 二甲苯溶剂的反应釜内，进行搅拌溶解，待溶解完全透明后，再加入环氧树脂 42kg、石油树脂 32kg 和邻苯二甲酸二辛酯助剂 14kg、邻苯二甲酸二丁酯 14kg，搅拌反应，制成基料。加入邻苯二甲酸二辛酯助剂 1.2kg、氧化铁红颜料 175kg、硫酸钡填料 75kg，搅拌 1.5h，再加入二甲苯溶剂 45kg 及其他助剂适量，搅拌混溶 2h，经研磨机研磨，过滤，制得本防腐涂料。

原料介绍　聚苯乙烯树脂又称 PS 树脂，是一种热塑性高分子材料，具有良好的化学稳定性，其玻璃化转变温度为 104℃，但其冲击强度仅为 $16kJ/m^2$，脆性大，加工性差，因而大大限制了其应用范围。PS 树脂分子量对其力学性能影响很大，低分子量的 PS 树脂力学性能差，高分子量的 PS 树脂用作涂料则流平性不好，不易加工。如何充分发挥其优异的化学稳定性，提高其机械强度，改善其脆性，这是技术关键所在。利用聚合物改性理论及塑料合金技术，对 PS 树脂采取断链和接枝的方法进行热混炼，PS 树脂在机械和热的协同作用下，分子发生断链而产生自由基，为接上柔性分子创造了条件，进而形成了接枝共聚物。

经断链并产生自由基的树脂，必须选择适宜的高聚弹性体与其进行接枝，而能够参与这种合金化嵌断反应的弹性体应该是极性很强的物质。实验证明，丁腈橡胶（NBR）、氯丁橡胶（CR）和丁苯橡胶（SBR）结构中的丁二烯都可发生上述反应，但 NBR 与 CR 除了存在嵌段聚合体中的部分丁二烯外，还有其他不同性的分子存在，可能会形成空间障碍而达不到反应终点，这样形成的聚合物，绝大多数是物理混合体，而不是化学结合体，其耐冲击强度是很低的。经过实验证明，SBR 是较适合的。采用 SBR 避免了上述缺陷，作为涂料很容易形成均相连续相，不会出现空间障碍，容易得到大量的嵌段和聚合体，大大提高了改性聚苯乙烯树脂的耐冲击强度，而不出现剥离现象。

经改性的 PS 树脂再配以适量的合成树脂，如环氧树脂、石油树脂等，形成主要成膜树脂。根据聚合物及溶剂相溶原理，为了使涂料本身有均匀的连续性，以保持良好的黏结力，无论是聚合物或溶剂，其相互溶解参数越相近，其互溶性越好，使用的溶剂为芳烃类或醇类。

涂料应具有较高的耐冲击强度，但由于改性 PS 树脂分子链极性基团之间分子敛集，漆膜在受外力或温度作用下易收缩或脱落。为克服这一缺点，还需要良好的韧性，选用苯二甲酸酯作为增塑剂较好，选用二苯丙酮类作防老剂，还可以添加紫外线吸收剂、防沉降剂、流平剂、增黏剂等。

所用颜料和填料同其他涂料一样，但轻质碳酸钙、氧化锌等不耐酸的不能使用，常用的颜料有氧化铁红、樟丹、锌铬黄、云母粉、金红石型钛白粉等，可根据需要选择花色。常用的填料有硫酸钡粉、云母粉、石膏粉、滑石粉等。

产品应用　本防腐涂料用途广泛，可适用于石油开采、炼油、化工、化肥、化纤、橡胶、印染、制酸、制碱、机械、建筑、制药、食品、电镀、冶金等行业，用于长期受酸、碱、盐和氧化性或还原性介质以及各种化学药品严重腐蚀的设备、管道及建筑物的内外壁。同其他防腐涂料一样，可刷涂、滚涂和喷涂。本防腐涂料储存应放置于阴凉处，隔离火源，密封好，可放置 3～5 年不结皮。

产品特性

（1）本防腐涂料具有优良的耐酸、耐碱、耐油、耐老化、防水、防静电等综合功能。该涂料漆膜丰满，附着力强，韧性好，色泽鲜艳，兼具耐腐蚀和装饰性能，应用范围广。

（2）属于单组分系列涂料，施工方便，且性能稳定，储存期长。

（3）本涂料的制备方法科学合理，易于实施。

配方 128　有机纳米防腐涂料

原料配比

原料		配比（质量份）		
		1#	2#	3#
纳米实心二氧化硅颗粒		—	—	5
分散剂		0.5	1	2
邻苯二甲酸二丁酯		5	5	5
二甲苯		20	—	—
乙醇		—	—	25
丙酮		—	20	—
环氧树脂		加至100	加至100	加至100
分散剂	油酸钠	10	—	—
	Disperbyk-160	80	—	—
	甲苯	10	—	—
	十二烷基苯磺酸钾	—	50	—
	Disperbyk-161	—	45	—
	苯	—	5	—
	磷酸三丁酯	—	—	35
	Disperbyk-166	—	—	57
	二甲苯	—	—	8

制备方法　按原料配比，称取0.05%～5%的纳米实心二氧化硅颗粒，加入0.5%～5%分散剂混合均匀，加入到包括5%～25%溶剂、成膜物为余量的混合物中，然后在常温、常压下研磨分散30～90min，制成涂料母液。制成的母液与普通涂料使用方法相同，母液与固化剂混合，涂刷，制成涂层。

产品应用　本品主要应用于飞机、导弹等军事设施逃避雷达等的侦察和跟踪，可作为隐形涂料等。如在航空涂层中应用纳米材料，可以代替传统的铬盐，提高涂层的稳定性能，以及耐化学或电化学破坏性能。

产品特性　本配方提供一种添加量小于10%的纳米实心二氧化硅防腐涂料的制备方法，其制备过程是在常温、常压下进行，无须添加新的设备，工艺简单，生产成本低。纳米实心二氧化硅粉的添加量低，工业应用成本低。纳米实心二氧化硅颗粒在基体树脂中分散性好，在5%添加量时，仍保持单分散状态，未见有颗粒聚集的现象。

配方 129 憎水耐磨防腐涂料

原料配比

	原料	配比（质量份）					
		1#	2#	3#	4#	5#	6#
A 组分	E-44 型环氧树脂	1	1	1	1	1	1
	二甲苯	0.25	0.35	0.3	0.25	0.35	0.28
	乙酸丁酯	0.1	0.15	0.13	0.15	0.1	0.14
	963 丙烯酸树脂	0.1	0.2	0.15	0.1	0.2	0.16
	二苯并呋喃-茚树脂	0.2	0.4	0.28	0.4	0.4	0.25
	钛白粉	0.05	0.1	0.07	0.05	0.05	0.1
	球状陶瓷粉	0.15	0.25	0.2	0.25	0.25	0.2
	沉淀硫酸钡	0.05	0.1	0.07	0.05	0.05	0.1
	甲基乙醇胺	0.005	0.02	0.01	0.02	0.02	0.005
	埃夫卡 3600	0.005	0.02	0.015	0.005	0.005	0.02
	埃夫卡 5065	0.005	0.02	0.015	0.02	0.02	0.005
	Laromin C260	1	1	1	1	1	1
B 组分	T31	0.65	0.85	0.8	0.65	0.85	0.85
	乙醇	0.15	0.2	0.18	0.2	0.15	0.2
A : B		100 : 12					

制备方法 将 A 组分与 B 组分分别混合均匀即可，按质量比 A : B = 100 : 12 混合均匀后使用。

原料介绍 所述的涂料由环氧值在 0.38 ~ 0.52 的双酚 A 型环氧树脂、丙烯酸树脂、二苯并呋喃-茚树脂、溶剂、球状陶瓷粉加上多品种的助剂，以及一定数量的颜填料配制而成。在制造过程中使用的环氧值在 0.38 ~ 0.52 的双酚 A 型环氧树脂含有大量的羟基和醚基等极性基团，在固化过程中活泼的环氧基能与界面金属原子反应形成极为牢固的化学键，增强了涂层与基材的附着力，并使涂层坚硬，柔韧性好，耐腐蚀性能优异。丙烯酸树脂分子结构中有大量的羟基极性基团，虽具有一定的亲水性，但通过与苯并呋喃-茚树脂和 3, 3′-二甲基-4, 4′-二氨基二环己基甲烷反应形成的产物与环氧值在 0.38 ~ 0.52 的双酚 A 型环氧树脂互相穿插，使涂层表面结构接近荷叶的微观结构，从而增加涂层的憎水性能。同时，苯并呋喃-茚树脂具有一定的抵抗微生物腐蚀性和有效杀除作用，SRB 和 SOB 对防止海生物破坏有一定的作用。

所述的球状陶瓷粉在充分发挥陶瓷的抗磨损性的基础上，采用球形结构可提高涂层表面的光滑性，利于浮冰冲撞涂层时容易滑开以抵抗浮冰对涂层的破坏。

所述的钛白粉和沉淀硫酸钡不能被化学介质腐蚀，降低了涂料造价，同时有效地填充了成膜树脂膜中的物理空隙，增强了涂层的耐化学腐蚀性。

所述的氟碳聚合物降低了涂料体系的表面张力，改善了流动和流平性，并避免了贝纳德漩涡的形成。

所述的有机硅氧烷不仅具有消泡作用，同时对涂层表面的微观结构有一定的影响，可促进涂层的表面状态。3,3′-二甲基-4,4′-二氨基二环己基甲烷不仅黏度低，同时与环氧值在0.38~0.52的双酚A型环氧树脂反应后形成的涂层韧性较好，可有效提高涂层的抗冲击性。

产品应用　本品主要用于平台、码头、桥梁、船舶等海洋结构的防腐。

产品特性　本品具有优良的附着力、憎水性、耐化学腐蚀性、耐盐雾性、耐磨性、耐微生物性，克服了常规海洋用防腐涂料的缺点，用于海洋结构物表面可有效延长涂层对结构物的保护年限。本品的海洋结构物用长效憎水耐磨防腐涂料的制造方法及工艺简单，不需特殊设备。

配方 130　重防腐超耐候粉末涂料

原料配比

	原料	配比（质量份）
底漆	双酚A型环氧树脂	54
	酚羟基树脂	11
	钛白粉	10
	炭黑	0.06
	硫酸钡	10
	硅微粉	10
	流平剂	2.0
	分散剂	1.0
	除气剂	0.5
	松散剂	0.02
	边角覆盖力改性剂	2.0
	增韧剂	1.5
	促进剂	0.5
面漆	端羧基聚酯树脂	60.5
	异氰脲酸三缩水甘油酯（TGIC）	4.5
	金红石型钛白粉	18
	沉淀硫酸钡	12
	流平剂	2.0
	分散剂	1.0
	除气剂	0.5
	松散剂	0.02
	紫外光吸收剂	0.5
	抗氧化剂	0.5
	促进剂	0.2

制备方法

（1）按底漆配方称量原材料。

（2）用高速混合机预混合。

（3）用挤出机熔融挤出混合。

（4）压片冷却破碎。

（5）空气分级磨细粉碎和分级。

（6）用振动筛过筛分离，熔融混炼温度为100℃左右。

（7）按面漆配方称量原材料。

（8）用高速混合机预混合。

（9）用挤出机熔融挤出混合。

（10）压片冷却破碎。

（11）空气分级磨细粉碎和分级。

（12）用振动筛过筛分离，熔融混炼温度为120℃左右。

原料介绍　所述的环氧树脂为双酚A型环氧树脂、酚醛改性环氧树脂或酚醛环氧树脂。

所述的底漆组分中的固化剂为促进双氰胺、取代双氰胺、酰肼、酚羟基树脂和聚酯树脂等。

所述的底漆组分中的助剂中，除一般性的助剂外，还要添加边角覆盖力改性剂、增韧剂和促进剂等助剂。

所述的面漆组分中的固化剂为异氰脲酸三缩水甘油酯（TGIC）、羟烷基酰胺（PRIMID552、T105）或多环氧化合物（PT910）。

所述的面漆组分的助剂中，除一般性的助剂外，还要添加紫外光吸收剂和抗氧化剂等助剂。

所述的颜料由钛白粉、铁红、铬黄、酞菁蓝、酞菁绿、炭黑、三聚磷酸铝、钛铁粉中的一种或数种成分组成；填料由硫酸钡、硅微粉、云母粉中的一种或数种成分组成；助剂包括流平剂、分散剂、除气剂、松散剂、边角覆盖力改性剂、促进剂和增韧剂等。

所述的聚酯树脂类包括不同多元羧酸和多元醇缩聚而成的不同酸值和软化点的端羧基聚酯树脂。

产品应用　本品是一种适用于风力发电设备塔柱和叶片的粉末涂料。

产品特性　本品有超强防腐能力和超强耐紫外光等恶劣气候能力，底漆与面漆之间附着力好，涂装效率高，对环境无污染。本配方提供了该粉末涂料的制造方法。

配方131　重防腐隔热导静电涂料

原料配比

	原料	配比（质量份）
A组分	改性环氧树脂BYD-7201	40
	聚硫橡胶JLY-121	2
	活性稀释剂6286	5
	非活性稀释剂NX-2020	10
	超细硅铝基空心微珠	12
	金红石型钛白粉R-706	8
	掺杂聚苯胺	5
	气相SiO_2	2

续表

原料		配比（质量份）
A 组分	磷酸铝锌	3
	四盐基锌黄	3
	绢云母	3
	滑石粉	5
	分散剂 BYK – 108	0.6
	消泡剂 BYK – A530	0.3
	流平剂 BYK – 306	0.3
	流平剂 BYK – 354	0.4
	偶联剂	0.4
B 组分	改性胺 NX – 2007	92
	促进剂 DMP – 30	4
	丙酮（亲水剂）	4
A：B		100：50

制备方法

（1）制备聚苯胺浆：在配方量非活性稀释剂 NX – 2020 中，加入 1% 高分子分散剂 3275，再加入配方量掺杂聚苯胺粉末，以 2000r/min 搅拌分散 3h，制得聚苯胺浆。

（2）A 组分的制备：按上述 A 组分各成分分别称量，将环氧树脂、聚硫橡胶 JLY – 121、活性稀释剂及助剂加入分散釜中搅拌均匀，再加入聚苯胺浆及除超细硅铝基空心微珠以外的颜填料，高速分散并研磨至细度≤30μm，最后加入超细硅铝基空心微珠分散均匀，过滤装桶，制得 A 组分。

（3）B 组分的制备：按上述 B 组分的成分比例，将改性胺加入促进剂和亲水剂，搅拌均匀后，制得 B 组分。

（4）按 A：B = 100：50 混合后成为重防腐隔热导静电涂料。

产品应用　本品主要可用于大型储油罐内外壁、船舶压载舱、海上钻井平台、桥梁、露天石化设备、舰船及高速列车等的防腐涂装，是一种重防腐隔热导静电涂料。

产品特性　该涂料固体含量超过 98%，固化涂膜柔韧致密，没有溶剂型涂膜表面常出现的针眼，具有优异的屏蔽性，可有效防止水汽、氧、离子等的渗透，大大提高了涂膜的物理、化学防腐性能。本品环保无毒，可湿面带锈厚涂，大大降低了涂装成本。

配方 132　紫外光 – 热双固化聚苯胺防腐涂料

原料配比

原料	配比（质量份）				
	1#	2#	3#	4#	5#
环氧丙烯酸酯	44	80	40	—	—
聚氨酯丙烯酸酯	—	—	—	60	40
丙烯酸环己酯	40				

原料	配比（质量份）				
	1#	2#	3#	4#	5#
丙烯酸羟乙酯	—	40	—		
丙烯酸异冰片酯	—	—	40		
甲基丙烯酸 - β - 羟乙酯	—	—	—	40	46
聚酯多元醇	20	20	40	25	30
聚苯胺粉末	2	6	10	16	20
分散剂	3	2	2	2	3
滑石粉	15	5	5	6	6
碳酸钙	30	10	10	10	10
沉淀硫酸钡	15	5	5	6	6
流平剂	3	2	2	2	3
2 - 羟基 - 2 - 甲基 - 1 - 苯基丙酮	8	10	—	8	—
1 - 羟基环己基苯基甲酮	—	—	6	—	6

制备方法　按原料配比称取低聚体、活性稀释剂、聚酯多元醇放入砂磨机罐中，搅拌下放入聚苯胺粉末，搅拌 0.5 ~ 2h，搅拌下再分别加入助剂、光引发剂和填料，以 2500r/min 的速度搅拌 0.5 ~ 3h，砂磨 1 ~ 10h，用 200 目滤布过滤，得到该涂料滤液。所述的聚氨酯固化剂按配比另外保存，在使用时与该涂料滤液按原料配比混匀配套使用。

原料介绍　所述的低聚体为环氧丙烯酸酯或聚氨酯丙烯酸酯。

所述的活性稀释剂为丙烯酸酯或甲基丙烯酸酯单体。

所述的聚氨酯多元醇为分子量 1000 或 2000 的聚酯二元醇，分子量为 1000、1500 或 2000 的聚碳酸酯二元醇，分子量为 400、800、1000、1500、2000 或 3000 的聚丙二醇，分子量为 1000 或 2000 的聚四氢呋喃醚二醇，或蓖麻油类二元醇。

所述的助剂为分散剂和流平剂。

所述的光引发剂为 2 - 羟基 - 2 - 甲基 - 1 - 苯基丙酮或 1 - 羟基环己基苯基甲酮。

所述的填料为滑石粉、碳酸钙或沉淀硫酸钡。

所述的聚氨酯固化剂为三羟甲基丙烷 - 甲苯二异氰酸酯加成物、甲苯二异氰酸酯三聚体、甲苯二异氰酸酯/己二异氰酸酯混合三聚体、己二异氰酸酯异佛尔酮二异氰酸酯三聚体、己二异氰酸酯缩二脲或异佛尔酮二异氰酸酯加成物。

产品应用　本品主要用作防腐涂料。

产品特性

（1）本品采用聚苯胺作为防腐添加剂，加入到紫外光 - 热双固化涂料中，利用聚苯胺所特有的防腐性质，使得紫外光 - 热双固化涂料的防腐性能提高 3 ~ 5 倍。本配方制得的紫外光 - 热双固化聚苯胺防腐涂料具有较强的耐盐雾、酸、碱等介质和大气环境腐蚀性能。

（2）紫外光 - 热双固化聚苯胺防腐涂料充分利用聚苯胺可逆的氧化还原性能，具有全新的钝化型防腐机理，理论上可以采用很少的聚苯胺，即可达到防腐效果。

（3）紫外光 - 热双固化聚苯胺防腐涂料具有较强的耐酸、碱等介质腐蚀特性，适合在非常恶劣环境条件下使用，特别适用于海洋环境下的防腐。

（4）紫外光－热双固化聚苯胺防腐涂料不含有 Pb、Cr、Zn 等重金属，同时在配方中不含有任何有机溶剂。因此，这种涂料在生产和使用过程中均不存在环境污染问题，是一种完全绿色环保型的涂料。

（5）因为采用了紫外光－热双固化体系，深层固化完全，满足厚涂装的要求，使其可以在许多重防腐领域获得应用。

配方 133　高固体分溶剂型环氧树脂防腐涂料

原料配比

原料		配比（质量份）			
		1#	2#	3#	4#
主剂	双酚 A 型环氧树脂	25	15	30	20
	酞菁蓝	—	10	—	—
	氧化铁红	—	15	—	—
	沉淀硫酸钡	—	10	—	—
	滑石粉	—	10	—	—
	有机永固红	—	—	20	—
	氧化铁黄	—	—	15	—
	石英粉	—	—	15	15
	无铅铬黄	—	—	—	10
	有机紫	—	—	—	10
	氢化蓖麻油	—	1	2	—
	碳酸钙	—	—	—	20
	硬脂酸处理过的蒙脱土	—	1	—	—
	有机硅烷（四甲基硅烷）	—	1	—	1
	异丙醇	—	20	—	—
	丁醇	—	17	—	—
	金红石型钛白粉	20	—	—	—
	重晶石粉	20	—	—	—
	聚乙烯蜡	4	—	—	2
	有机膨润土	1	—	—	1
	二甲苯	5	—	—	10
	脂肪酸酰胺（硬脂酸酰胺）	—	—	2	—
	非饱和脂肪酸酰胺（油酸酰胺）	—	—	2	—
	乙酸甲酯	—	—	5	—
	乙酸乙酯	—	—	9	—
	乙酸丁酯	—	—	—	11
固化剂	聚酰胺树脂（聚酰胺－1010）	55	45	50	50
	2,4,6－三（二甲氨基甲基）苯酚	3	—	—	2
	二甲苯	42	—	—	48

续表

原料		配比（质量份）			
		1#	2#	3#	4#
固化剂	苄基二甲胺	—	1	2	—
	异丁醇	—	30	—	—
	甲乙酮	—	24	—	—
	乙酸甲酯	—	—	25	—
	乙酸乙酯	—	—	23	—

制备方法　将主剂和固化剂分别混合均匀，研磨过滤得到产品。

原料介绍　所述的环氧树脂包括双酚 A 型环氧树脂。

所述的颜料为着色颜料和体质颜料的混合物。

所述的着色颜料包括钛白（金红石型）、炭黑、酞菁蓝、钛青绿、氧化铁红、氧化铁黄、有机永固红、有机紫、无铅铬黄、无铅铬橘中的一种或几种；所述的体质颜料包括沉淀硫酸钡、重晶石粉、碳酸钙、滑石粉、石英粉中的一种或几种。

所述的成膜助剂包括防沉剂、防流挂剂、分散剂中的一种或几种。

所述的防沉剂为有机化合物，包括聚乙烯蜡、氢化蓖麻油；所述的防流挂剂为有机化合物处理过的矿物质、有机化合物中的一种或几种，包括硬脂酸处理过的蒙脱土、有机膨润土、脂肪酸酰胺；所述的分散剂为非离子型表面活性剂，包括有机硅烷、非饱和脂肪酸酰胺。

所述的环氧树脂固化促进剂为叔胺类固化剂，包括 2,4,6 - 三（二甲氨基甲基）苯酚、苄基二甲胺。

所述的溶剂包括芳香烃溶剂、醇类溶剂、酮类溶剂、酯类溶剂中的一种或几种，所述的芳香烃溶剂包括甲苯、二甲苯中的一种或几种，所述的醇类溶剂包括异丙醇、丁醇、异丁醇、仲丁醇、叔丁醇中的一种或几种，所述的酮类溶剂包括甲乙酮、甲基丁基酮、甲基异丁基酮中的一种或几种，所述的酯类溶剂包括乙酸甲酯、乙酸乙酯、乙酸丁酯中的一种或几种。

本品的环氧树脂是主要成膜物质。颜料也是主要成膜物质，它可以赋予涂膜颜色及遮盖力，并可改善涂料的流变性、耐候性、耐磨性、透气性、附着力、光泽、耐化学性等。成膜助剂可提高成膜性能，防沉剂可防止高密度颜料容易沉降，使得涂料的储存稳定性好。分散剂为非离子型表面活性剂，具有优异的润湿性能，能够提高颜料在液相中的均匀分布，聚酰胺树脂通过与环氧树脂反应固化成膜。

产品应用　本品主要应用于集装箱的内涂层。使用时，1#主剂：固化剂 = 4∶1，2#主剂：固化剂 = 20∶1，3#主剂：固化剂 = 10∶1，4#主剂：固化剂 = 5∶1。

产品特性　本品环氧树脂防腐漆固体分高，有机挥发物的含量较低，能适用于目前集装箱的流水涂装，可一次厚涂到规定膜厚，防腐性良好，抗冲击、耐磨等物理力学性能好，涂膜本身无毒，可接触谷物等粮食以及其他食品类物资。

配方 134　高速公路护栏用防腐成膜涂料

原料配比

原料	配比（质量份）				
	1#	2#	3#	4#	5#
聚乙烯乙酸酯	30	34	45	25	32
聚乙烯醇缩甲醛	29	26	—	22	27
聚乙烯醇	19	22	30	30	21
2-氯乙磺酸	7	5	8	7	6
邻苯二甲酸二丁酯	8	8	9	9	8
甲醇	7	5	8	7	6
水	120	120	120	110	120

制备方法　将聚乙烯乙酸酯、聚乙烯醇缩甲醛、聚乙烯醇加入装有水的反应釜中，升温并开动搅拌，在 100~120℃ 时滴加 2-氯乙磺酸，在此温度下反应 0.5~1.5h。上述物料与甲醇加入反应釜中，于 130~160℃ 反应 3~7h，降温至室温，搅拌下逐步加入增塑剂，搅拌均匀即成。

产品应用　本品主要应用于高速公路的防护栏表面的防腐。

产品特性　本品成膜性好，按有关国家标准对附着力、耐冲击力、耐盐雾、耐老化、耐高低温等进行性能测试均得到满意结果。本品完全适用于高速公路防护栏表面防腐的要求，不仅如此，本品的涂膜还具有电化学防腐功能，连续高温（400~500℃）电阻率低，可防静电、抗辐射、耐烟雾、耐老化，可应用于其他条件苛刻、气候恶劣环境下金属设施的防护。

配方 135　隔热防腐涂料

原料配比

原料	配比（质量份）
热塑性丙烯酸高分子树脂	230
环氧树脂	50
金红石型钛白粉	50
云母粉	25
硅灰石粉	50
灰钙粉	100
空心玻璃微细粉	60
膨胀珍珠岩粉	90
海泡石粉	60
分散剂 P104S	3
有机膨润土防沉剂	2
消泡剂 BYK-141	1.5
二甲苯	130
乙酸丁酯	60
乙二醇乙醚乙酸酯	78.5

制备方法

（1）将定量的二甲苯、乙酸丁酯、乙二醇乙醚乙酸酯投入搅拌缸，搅拌 15min 至均匀，制得备用的混合溶剂。

（2）将 75% 配方量的热塑性丙烯酸高分子树脂以及 25% 备用的混合溶剂混合，边搅拌边投入分散剂 P104S、有机膨润土防沉剂，中速搅拌 10min。

（3）在高速搅拌下，依次投入金红石型钛白粉、硅灰石粉、云母粉、灰钙粉、膨胀珍珠岩粉、海泡石粉、空心玻璃微细粉，高速搅拌 15min，制得浆料。

（4）将上述浆料经砂磨机研磨至细度 ≤20μm 为止。

（5）投入环氧树脂、余下 25% 配方量的热塑性丙烯酸高分子树脂及消泡剂 BYK–141，中速搅拌 15min。

（6）投入余下 75% 的混合溶剂进行调稠，搅拌均匀即得到隔热防腐涂料。

产品应用 本品除可用于车辆表面的隔热防腐外，还可用于锌瓦、钢结构厂房、楼房顶、化工设备储罐等表面的隔热防腐。

产品特性 本品的隔热防腐涂料既具有防腐性能，又具有优异的防晒隔热性能。

配方 136　工业防腐涂料

原料配比

原料		配比（质量份）
A 组分	环氧树脂 E–20	125
	铝镁锌合金	185
	钛白粉	30
	铁黄	30
	滑石粉	25
	沉钡	25
	硅土	5
	混合溶剂	75
B 组分	异氟尔酮二胺（IPDA）	62.5
	水杨酸	7.5
	苯甲醇	53.75
	其他助剂	1.25

制备方法

（1）将混合溶剂加入到加热釜中升温到 60℃，加入 E–20 启动搅拌器，直到 E–20 全部溶解；取一半树脂液加入铝镁锌合金到三辊机上研磨分散，将其他颜料加入到另一半树脂液中到三辊机上研磨分散，两部分研磨完成后混到一起到高速分散机上分散制得 A 组分。

（2）将苯甲醇加入到加热釜中升温并搅拌，加入水杨酸直到水杨酸全部溶解，再加入 IPDA 和其他助剂制得 B 组分。

（3）使用时，A、B 组分按 4∶1 比例混合。

产品应用 本品主要应用于沿海地区大气工业防腐。

产品特性 本品具有比环氧富锌涂料更大的理论发生电量，更低的稳定时间，更长的电极电位，更高的涂层电阻；该防腐涂料比环氧富锌漆含有更少的溶剂，使用时给社会带来的危害少，施工成本低；该防腐涂料涂膜韧性好，受环境影响小，同样一道涂层有效保护寿命长；该防腐涂料中的合金粉体片状密度小，在体系中合金粉不沉淀，保持期长；合金粉体与环氧树脂相溶性好，涂膜渗透性小，外观好，可以作面漆使用。

配方137　管道内壁防腐涂料

原料配比

原料		配比（质量份）		
		1#	2#	3#
A组分	多亚甲基多苯基多异氰酸酯（PAPI400）	32.48	31.25	32.2
	磷酸（试剂型）	0.052	0.048	0.05
	聚醚330	9.76	9.15	9.58
	聚醚635	2.41	2.18	2.38
	邻苯二甲酸二辛酯	7.25	6.68	7.08
	环氧树脂E-44	3.05	2.85	2.95
	芳烃溶剂油	—	45	—
	二甲苯	45	—	47
B组分	煤焦沥青	63	60	61
	环己酮	14.78	13.2	14.15
	甲苯	12.93	11.25	12.3
	芳烃溶剂油	—	9.08	—
	二甲苯	9.24	—	9.36

制备方法

（1）A组分湿固化聚氨酯树脂的制备：先将异氰酸酯用泵投入反应釜中，加入磷酸进行乳化，边投料边升温，再加入聚醚330、邻苯二甲酸二辛酯（或邻苯二甲酸二丁酯）、聚醚635、溶剂和环氧树脂，进行加热反应至80~90℃时保温2~2.5h，然后降温至40℃，出料过滤（丝绢320目），过滤前按产品标准调固含量至53%~58%，检验包装后入库。

（2）B组分煤焦沥青树脂的制备：将煤焦沥青、环己酮、甲苯、溶剂陆续投入反应釜中，边投料边开车搅拌，升温加热，升温至110~120℃时，保温2h后排水，然后将料打入冷却罐降温至40℃，搅拌均匀后在常温下用200目过滤网过滤，过滤前按产品标准调固含量至61%~65%，检验包装后入库。

产品应用　本品适用于化工、冶金、管道输送行业的设备防腐。使用时，可在现场将A、B两罐打开，按比例1:1混合搅拌均匀后，沉淀10min，再喷涂、刷涂、滚涂均可。

产品特性　本品原料配比科学，工艺简单，使用寿命长，防腐效果好；涂层薄，成本低，涂时省工省力；物理机械性能好，具有良好的耐温性及耐温变性；使用本品后可减小输送油、天然气、水和污水的阻力，并不挂水垢、泥沙等物，同时不长苔藓。

配方 138　管道外壁绝热防腐涂料

原料配比

原料		配比（质量份）
A 组分	多亚甲基多苯基多异氰酸酯 400#	30
	二甲苯	30
	磷酸	0.02
	聚醚	5
	环氧树脂	5
	邻苯二甲酸二辛酯	6
B 组分	煤焦沥青	55
	甲苯	12
	空心玻璃微细粉	65
	膨胀珍珠岩粉	90
	二甲苯	30
	环己酮	10
	填料（800～1200 目硅灰石粉）	60
C 组分	甲苯二异氰酸酯	15
	丙酮	60
	三羟基聚醚	8

制备方法

（1）先将多亚甲基多苯基多异氰酸酯 400#投入反应釜中，加入磷酸进行乳化，边投料边升温，再加聚醚、邻苯二甲酸二辛酯、溶剂和环氧树脂，进行加热反应至 80℃，保温 2h，然后将料冷却降温至 40℃过滤，用 200 目过滤网过滤并检验包装。

（2）再将煤焦沥青、环己酮、甲苯、空心玻璃微细粉、膨胀珍珠岩粉、溶剂按原料配比陆续投入反应釜中，边投料边搅拌边升温，升温到 110℃时，保温 2h 后排水，然后将料冷却降温至 40℃过滤，过滤前根据防腐涂料的用途加入填料，搅拌均匀后用 200 目过滤网过滤并检验包装。

（3）最后，将甲苯二异氰酸酯、丙酮、三羟基聚醚按原料配比陆续投入反应釜中，边投料边搅拌，2h 后检验包装。

（4）使用时可在现场将 A、B、C 组分混合搅拌均匀后，沉淀 10min，再喷涂、刷涂、滚涂均可。

产品应用　本品主要应用于管道外壁的涂装。

产品特性　本品涂层薄、成本低、涂时省工省力，具有绝热功能，附着力牢固，抗摩擦力强和冲击力大，耐酸、碱、盐等化学腐蚀。

配方 139　管道外壁绝热沥青防腐涂料

原料配比

	原料	配比（质量份）
A组分	多亚甲基多苯基多异氰酸酯400#	30
	二甲苯	60
	磷酸	0.02
	聚醚	5
	环氧树脂	5
	煤焦沥青	55
	甲苯	12
	空心玻璃微细粉	50
	膨胀珍珠岩粉	70
B组分	甲苯二异氰酸酯	15
	丙酮	60
	三羟基聚醚	8

制备方法

（1）先将多亚甲基多苯基多异氰酸酯400#投入反应釜中，加入磷酸进行乳化，边投料边升温，再加聚醚、环氧树脂和溶剂，进行加热反应至80℃。再将煤焦沥青、甲苯、空心玻璃微细粉、膨胀珍珠岩粉、溶剂按原料配比陆续投入反应釜中，边投料边搅拌边升温，升温到110℃时，保温2h后排水，然后将料冷却降温至40℃过滤，用200目过滤网过滤并检验包装。

（2）将甲苯二异氰酸酯、丙酮、三羟基聚醚按原料配比陆续投入反应釜中，边投料边搅拌，2h后检验包装。

产品应用　本品主要应用于石化、冶金等行业的石油储罐、预埋管道。使用时，可在现场将两组分混合搅拌均匀后，沉淀10min，再喷涂、刷涂、滚涂均可。

产品特性　本品涂层薄、成本低、涂时省工省力，具有绝热功能，附着力牢固，抗摩擦力强和冲击力大，耐酸、碱、盐等化学腐蚀。

配方 140　环氧聚氨酯防腐涂料

原料配比

	原料	配比（质量份）		
		1#	2#	3#
A组分	脂肪族六亚甲基二异氰酸酯	12	—	15
	脂肪族缩二脲	—	10	—
	S100 芳烃溶剂	—	5	—
	S150 芳烃溶剂	—	—	10
	多元二价酸酯	8	—	—

原料		配比（质量份）		
		1#	2#	3#
B 组分	双酚 A 型环氧树脂	30	25	35
	四盐铬酸盐	8	—	10
	磷酸锌	15	—	18
	多元二价酸酯	30	—	—
	锌黄	—	6	—
	磷酸铝	—	12	—
	S100 芳烃溶剂	—	25	—
	含胺衍生物聚羧酸	—	4	—
	S150 芳烃溶剂	—	—	35
	硫酸钡	—	10	—
	碱性氨基甲酸酯共聚物	6	—	8
	氟化聚硅氧烷	3	2	4
	聚硅氧烷聚醚共聚物	6	5	7
	片状滑石粉	15	—	20

制备方法

（1）A 组分：按原料配比 1000~1200r/min、20~30min 混合。

（2）B 组分：依次加入配方量的大分子环氧树脂、85% 配方量的环保溶剂、配方量的分散剂、配方量的消泡剂和配方量的流平剂，在 1000~1200r/min 下高速分散 20~30min 至充分溶解。投入配方量的高效防腐颜料Ⅰ、配方量的防腐颜料Ⅱ和配方量的填料，1000~1200r/min 高速分散 20~30min 后，研磨至细度≤30μm。投入剩下的环保溶剂调漆，700~800r/min、5~10min 混合均匀。

（3）使用时 A 组分与 B 组分混合质量比为 1∶5。

原料介绍　所述的脂肪族固化剂可优选脂肪族六亚甲基二异氰酸酯或脂肪族缩二脲，分子结构为直链型，耐晒、不黄变。

所述的环保溶剂优选多元二价酸酯（MADE）、S100 芳烃溶剂、S150 芳烃溶剂或环保型的无毒溶剂。

所述的大分子环氧树脂优选双酚 A 型环氧树脂，提供优异的附着力。

防腐颜料Ⅰ优选四盐铬酸盐、锌黄，具有防腐初期特别强的能力。

防腐颜料Ⅱ优选磷酸锌、磷酸铝，具有特别强的后期防腐能力，安全无毒，中性。

分散剂优选碱性氨基甲酸酯共聚物或含胺衍生物聚羧酸溶液。

消泡剂优选氟化聚硅氧烷溶液。

流平剂优选聚硅氧烷聚醚共聚物。

填料优选片状滑石粉或硫酸钡。

产品应用　本品主要应用于有色金属，特别是铝及铝合金。

产品特性　本品选用独特的大分子环氧树脂与耐候的脂肪聚氨酯异氰酸酯配合，大大提高了附着力，干燥速度快，耐热耐候，漆膜致密，耐溶剂性好。独特的防腐机理为：将四盐铬酸盐与磷酸锌合理结合在一起使用，前期 Cr^{6+} 足以使金属表面钝化，具有初期特别强的防腐能力，随后再形成磷酸盐沉淀络合物，牢牢覆在阳极上，抵制阳极的腐蚀，达到特别强的后期防腐能力，两者合理配合使用，具有长效的防腐能力。考虑到苯类溶剂对人体及环境的污染，采用环保型的无毒溶剂多元二价酸酯（MADE）、S100 芳溶剂。本品可适于各种大气中使用，在不宜使用红丹、有毒底漆或表面处理不干净的时候用，冬季气温低时适用。

配方 141　聚氨酯防腐底漆

原料配比

固化剂

原料	配比（质量份）
三羟甲基丙烷	22.4
甲基异丁基酮	40
二乙醇胺	17.6
二甲基吡唑	96.2

改性聚酰胺树脂

原料	配比（质量份）
胺值为 200 左右的聚酰胺（或聚醚胺）	80
甲基异丁基酮	20

改性环氧树脂

原料	配比（质量份）
丙二醇甲醚	73.6
E-20 环氧树脂	235.1
丁酮	51.6
二乙醇胺	32.1
异丙醇	22.6
改性聚醚胺	3.7
改性聚酰胺	94.1

水性色浆

原料	配比（质量份）
改性环氧树脂	97.8
丙二醇甲醚	17.8
阳离子或非离子分散剂	3.1
20% 甲酸	14.2
锡催干剂	1.7
高色素炭黑	3.2
水洗高岭土	99
异丙醇	13.4
去离子水	119

水性环氧－聚氨酯防腐底漆

原料	配比（质量份）
缓聚剂	2
固化剂	10
清水	28.5
水性色浆	40

制备方法

（1）将三羟甲基丙烷、甲基异丁基酮投入反应锅，在氮气保护下搅拌并加热到120℃，真空脱水1h，脱水完成后降温至50℃，搅拌保温30min，然后升至80～90℃反应2h，再降温至50℃以下滴加二乙醇胺，并在该温度下保温30min，然后升温至60～70℃保温1～2h，在该温度下缓慢加入二甲基吡唑，搅拌并升温至80～90℃反应2h，经过滤等处理后得固化剂。

（2）投胺值为200左右的聚酰胺（或聚醚胺）、甲基异丁基酮于反应锅，开搅拌加热至190℃回流脱水反应，反应8～20h后抽真空即得改性聚酰胺树脂（或改性聚醚胺树脂）。

（3）将丙二醇甲醚、E－20环氧树脂和丁酮投入反应锅，加热升温，开动搅拌，在50～80℃溶解1h，降温至50℃加二乙醇胺、异丙醇入反应锅，升温至80℃反应2h，在75～80℃滴加改性聚醚胺、改性聚酰胺，滴加完毕升温至90℃反应2h即得一种功能型改性环氧树脂。

（4）将步骤（3）制得的功能型改性环氧树脂，在常温、300～700r/min分散下缓缓加入盐酸5～20份，分散20～40min即可。

（5）按水性色浆原料配比投改性环氧树脂、丙二醇甲醚、阳离子或非离子分散剂、20%甲酸、锡催干剂于反应锅，在700r/min下分散30min后，再投入高色素炭黑、水洗高岭土、异丙醇，在700～1000r/min下分散1h，静置8h，投入总量为119份去离子水中的50份，分散10min后进入砂磨机研磨，以后每遍加适量水研磨直至全部水加完，研磨至细度合格。

（6）取缓聚剂于施工容器，用干净木棒搅拌，同时缓缓加入固化剂，加完后继续搅拌5～10min，再继续加入1.5份清水搅拌2min，将该混合组分直接加入水性色浆中搅拌1～2min。加27份水搅匀即得涂－4计黏度约19s的可喷涂漆液，漆液固含量约45.5%，喷涂湿膜不流挂，在30℃下表干8min。

产品应用　本品可广泛应用于汽车、工程机械、农用车等涂装，以及用于五金、电器涂装行业，也可用于户外金属防腐涂装。

产品特性

（1）配好后可直接用清水调至施工黏度，无须添加增稠剂即可一次厚涂达30～40μm，不流挂，施工活化期达16h，施工黏度下固含量≥45%。

（2）无须加防闪锈剂，直接在裸铁板上喷涂不闪锈。

（3）涂膜表干快，在喷涂后8h即可复涂，与原子灰、中涂涂层有极好的配套性。

（4）环境友好，漆按原料配比混合后原涂料溶剂含量≤10%，不含任何有毒溶剂，不含铅等重金属，也可以不含锡金属。

（5）涂膜综合性能优秀，尤其耐碱性极好。

（6）本品为水性聚氨酯类涂料开发提供了一种新的可行途径，有着较大的意义。

配方142　耐温聚氨酯防腐涂料

原料配比

	原料	配比（质量份）
A组分	多亚甲基多苯基多异氰酸酯300#	28
	二甲苯	50
	磷酸	0.05
	聚醚二醇	10
	环氧树脂	4
	邻苯二甲酸二辛酯	6
	反应型多羟基树脂染料	2.5
B组分	煤焦沥青	65
	甲苯	15
	绝热材料	100
	二甲苯	15
	环己酮	10
	铝箔粉	20
C组分	甲苯二异氰酸酯	15
	丙酮	60
	三羟基聚醚	8

制备方法

（1）先将多亚甲基多苯基多异氰酸酯300#投入反应釜中，加入磷酸进行乳化，边投料边升温，再加聚醚二醇、邻苯二甲酸二辛酯、反应性多羟基树脂染料、溶剂和环氧树脂，进行加热反应至80℃时保温2h，然后将料冷却降温至40℃过滤，用200目过滤网过滤并检验包装。

（2）再将煤焦沥青、环己酮、甲苯、绝热材料、溶剂按原料配比陆续投入反应釜中，边投料边搅拌边升温，升温到110℃时，保温2h后排水，然后将料冷却降温至40℃过滤，根据防腐涂料的用途加入填料，搅拌均匀后用200目过滤网过滤并检验包装。

（3）最后，将甲苯二异氰酸酯、丙酮、三羟基聚醚按原料配比陆续投入反应釜中，边投料边搅拌，2h后检验包装。

产品应用　本品主要应用于石化、冶金等行业的石油储罐。使用时，可在现场将A、B、C组分混合搅拌均匀后，沉淀10min，再喷涂、刷涂、滚涂均可。

产品特性　本品绝热性能好，色彩鲜艳，附着力牢固，抗摩擦力强和冲击力大，耐酸、碱、盐等化学腐蚀，具有良好的耐温性、耐温变性、耐紫外光照射、抗老化等特点。

配方 143   沥青防腐涂料

原料配比

	原料	配比（质量份）
A 组分	多亚甲基多苯基多异氰酸酯 300#	28
	二甲苯	30
	磷酸	0.05
	聚醚二醇	10
	环氧树脂	5
	反应型多羟基树脂染料	2.5
	煤焦沥青	65
	甲苯	15
	空心玻璃微细粉	65
	膨胀珍珠岩粉	90
	二甲苯	10
	铝箔粉	20
B 组分	甲苯二异氰酸酯	15
	丙酮	60
	三羟基聚醚	8

制备方法

（1）先将多亚甲基多苯基多异氰酸酯 300#投入反应釜中，加入磷酸进行乳化，边投料边升温，再加聚醚二醇、环氧树脂、反应性多羟基树脂染料和溶剂，进行加热反应至80℃。再将煤焦沥青、甲苯、空心玻璃微细粉、膨胀珍珠岩粉、溶剂按原料配比陆续投入反应釜中，边投料边搅拌边升温，升温到110℃时，保温2h 后排水，然后将料冷却降温至40℃过滤，根据防腐涂料的用途加入填料铝箔粉，搅拌均匀后用200 目过滤网过滤并检验包装。

（2）将甲苯二异氰酸酯、丙酮、三羟基聚醚按原料配比陆续投入反应釜中，边投料边搅拌，2h 后检验包装。

产品应用　本品主要应用于石化、冶金等行业的石油储罐、预埋管道。使用时，可在现场将 A、B 组分混合搅拌均匀后，沉淀10min，再喷涂、刷涂、滚涂均可。

产品特性　本品绝热性能好、色彩鲜艳、附着力牢固，抗摩擦力强和冲击力大，耐酸、碱、盐等化学腐蚀，具有良好的耐温性、耐温变性、耐紫外光照射、抗老化等特点。

配方 144   湿固化的绝热聚氨酯防腐涂料

原料配比

	原料	配比（质量份）
A 组分	多亚甲基多苯基多异氰酸酯 300#	35
	二甲苯	20
	磷酸	0.08

续表

原料		配比（质量份）
A 组分	聚醚二醇	12
	环氧树脂	5
	邻苯二甲酸二辛酯	4
B 组分	煤焦沥青	65
	甲苯	15
	绝热材料	100
	二甲苯	10
	环己酮	8
C 组分	甲苯二异氰酸酯	15
	丙酮	60
	三羟基聚醚	8

制备方法

（1）先将多亚甲基多苯基多异氰酸酯300#投入反应釜中，加入磷酸进行乳化，边投料边升温，再加聚醚二醇、邻苯二甲酸二辛酯、甲苯和环氧树脂，进行加热反应至80℃时保温2h，然后将料冷却降温至40℃过滤，用200目过滤网过滤并检验包装。

（2）将煤焦沥青、环己酮、甲苯、绝热材料、溶剂按配比陆续投入反应釜中，边投料边搅拌边升温，升温到110℃时，保温2h后排水，然后将料冷却降温至40℃过滤，用200目过滤网过滤并检验包装。

（3）最后，将甲苯二异氰酸酯、丙酮、三羟基聚醚按原料配比陆续投入反应釜中，边投料边搅拌，2h后检验包装。

产品应用　本品主要应用于石化、冶金、管道输送行业的钢质管道或铸铁管道。使用时，可在现场将 A、B、C 组分混合搅拌均匀后，沉淀10min，再喷涂、刷涂、滚涂均可。

产品特性　本品涂层薄、成本低、涂时省工省力，具有绝热功能，附着力牢固，抗摩擦力强和冲击力大，耐酸、碱、盐等化学腐蚀。该防腐涂料还具有可减小输送油、天然气、水和污水的阻力，以及不挂水垢、泥沙等物的特点。

配方 145　湿固化的绝热沥青防腐涂料

原料配比

原料		配比（质量份）
A 组分	多亚甲基多苯基多异氰酸酯300#	35
	二甲苯	20
	磷酸	0.06
	聚醚二醇	10
	环氧树脂	5
	煤焦沥青	65
	甲苯	15

续表

原料		配比（质量份）
A 组分	空心玻璃微细粉	65
	膨胀珍珠岩粉	90
	二甲苯	10
B 组分	甲苯二异氰酸酯	15
	丙酮	60
	三羟基聚醚	8

制备方法

（1）先将多亚甲基多苯基多异氰酸酯 300# 投入反应釜中，加入磷酸进行乳化，边投料边升温，再加聚醚二醇、溶剂和环氧树脂，进行加热反应至 80℃。再将煤焦沥青、甲苯、空心玻璃微细粉、膨胀珍珠岩粉、溶剂按原料配比陆续投入反应釜中，边投料边搅拌边升温，升温到 110℃时，保温 2h 后排水，然后将料冷却降温至 40℃过滤，用 200 目过滤网过滤并检验包装。

（2）将甲苯二异氰酸酯、丙酮、三羟基聚醚按原料配比陆续投入反应釜中，边投料边搅拌，2h 后检验包装。

产品应用　本品主要应用于石化、冶金等行业的石油储罐、预埋管道。使用时，可在现场将 A、B 组分混合搅拌均匀后，沉淀 10min，再喷涂、刷涂、滚涂均可。

产品特性　本品涂层薄、成本低、涂时省工省力，具有绝热功能，附着力牢固，抗摩擦力强和冲击力大，耐酸、碱、盐等化学腐蚀。该防腐涂料还具有可减小输送油、天然气、水和污水的阻力，以及不挂水垢、泥沙等物的特点。

配方 146　湿固化聚氨酯煤沥青防腐涂料

原料配比

原料		配比（质量份）		
		1#	2#	3#
A 组分	多亚甲基多苯基多异氰酸酯（PAPI400）	25.98	29.2	35.4
	磷酸（试剂型）	0.042	0.047	0.056
	聚醚 330	7.8	8.87	10.64
	聚醚 635	1.93	—	—
	聚醚 451	—	2.1	2.63
	邻苯二甲酸二辛酯	5.8	6.59	7.91
	环氧树脂 E-44	2.44	2.77	3.33
	芳烃溶剂	—	—	—
	二甲苯	56	50	40
B 组分	煤焦沥青	63	63	63
	环己酮	14.78	14.78	14.78
	甲苯	12.93	12.93	12.93
	芳烃溶剂	—	9.24	9.24

续表

原料		配比（质量份）		
		1#	2#	3#
B 组分	二甲苯	9.24	—	—
	800~1200 目硅灰石粉	20%	—	—
	铝箔粉	—	16%	—
	石墨粉	—	—	20%

制备方法

（1）A 组分湿固化聚氨酯树脂的制备：先将异氰酸酯用泵投入反应釜中，加入磷酸进行乳化，边投料边升温，再加入聚醚、邻苯二甲酸二辛酯（或邻苯二甲酸二丁酯）、溶剂和环氧树脂，进行加热反应至 80~90℃，保温 2~2.5h，然后降温至 40℃，出料过滤（丝绢 320 目），过滤前按产品标准调固含量，检验包装后入库。

（2）B 组分煤焦沥青树脂的制备：将煤焦沥青、环己酮、甲苯、溶剂陆续投入反应釜中，边投料边开车搅拌，升温加热，升温至 110~120℃时，保温 2h 后排水，然后将料打入冷却罐降温至 40℃，过滤前根据防腐涂料的用途加入填料（石墨粉、硅灰石粉、铝箔粉、氧化亚铜、石英粉之一，加入量为料量的 15%~20%）。搅拌均匀后在常温下用 200 目过滤网过滤，检验包装后入库。

产品应用　本品适用于化工、冶金、管道输送和海洋运输等行业的设备防腐。

使用时，可在现场将 A、B 两罐打开，按比例 1∶1 混合搅拌均匀后，沉淀 10min，再喷涂、刷涂、滚涂均可。

产品特性　本品原料配比科学，工艺简单，使用寿命长，应用范围广，防腐效果好；涂层薄，成本低，涂时省工省力；物理机械性能好，具有良好的耐温性及耐温变性。

参考文献

中国专利公告

CN – 200810195134. 8
CN – 201010622969. 4
CN – 200710141422. 0
CN – 201010516701. 2
CN – 200810227903. 8
CN – 200810158287. 5
CN – 201010102892. 8
CN – 200910183515. 9
CN – 200910219420. 8
CN – 200910195914. 7
CN – 201010549409. 0
CN – 200810243485. 1
CN – 200910033346. 0
CN – 201010535854. 1
CN – 201010190664. 0
CN – 200810195866. 7
CN – 201110052512. 9
CN – 200910176600. 2
CN – 201010207687. 8
CN – 201010526285. 4
CN – 201110090423. 3
CN – 200610043958. 4
CN – 201010261313. 4
CN – 200910242173. 3
CN – 201010191318. 4
CN – 201110070345. 0
CN – 200910011827. 1
CN – 201010614286. 4
CN – 200710035113. 5
CN – 201110002014. 3
CN – 201010228590. 5
CN – 200810041413. 9
CN – 200710037132. 1

CN – 201010565946. 4
CN – 200910305006. 9
CN – 200810147202. 3
CN – 200710196971. 8
CN – 201010187322. 3
CN – 200810228370. 5
CN – 201010589079. 8
CN – 201010529543. 4
CN – 201010623444. 2
CN – 201110008861. 0
CN – 201110008863. X
CN – 200910235222. 0
CN – 201010296970. 2
CN – 200910098858. 5
CN – 200810041949. 0
CN – 200810249526. 8
CN – 201010573734. 0
CN – 200810012660. 6
CN – 00910067260. X
CN – 200910000047. 7
CN – 201010187323. 8
CN – 201110045748. X
CN – 201010288261. X
CN – 200810159377. 6
CN – 201010274426. 8
CN – 201010528049. 6
CN – 200910170006. 2
CN – 200710149892. 1
CN – 201010545038. 9
CN – 200710189639. 9
CN – 201010589078. 3
CN – 200910243231. 4
CN – 200810159380. 8

CN – 200910086736. 4
CN – 201010180483. X
CN – 200710189634. 6
CN – 201010300263. 6
CN – 200910193169. 2
CN – 200910098849. 6
CN – 200910213284. 1
CN – 200810228063. 7
CN – 200810115542. 8
CN – 201010270988. 5
CN – 201010604880. 5
CN – 201010113878. 8
CN – 200910092499. 2
CN – 200810230089. 5
CN – 200910029218. 9
CN – 201010618846. 3
CN – 201010107091. 0
CN – 200810032809. 7
CN – 201010101626. 3
CN – 200910017154. 0
CN – 200710011101. 9
CN – 201010217801. 5
CN – 201110123236. 0
CN – 200910026179. 7
CN – 200910063609. 2
CN – 201010022502. 6
CN – 201010599236. 3
CN – 200910234658. 8
CN – 201010180083. 9
CN – 200610036145. 2
CN – 201010553087. 7
CN – 200910069385. 6
CN – 200910015998. 1

CN – 201010227660. 5　　CN – 201010231505. 0　　CN – 200710158179. 3
CN – 201010517302. 8　　CN – 200910033348. X　　CN – 200810021675. 9
CN – 201010593639. 7　　CN – 201010269106. 3　　CN – 200810198765. 5
CN – 200910219416. 1　　CN – 200810051576. 5　　CN – 200710157718. 1
CN – 200710042292. 5　　CN – 200710046033. X　　CN – 200710158180. 6
CN – 201110001797. 3　　CN – 200710055419. 7　　CN – 200710157719. 6
CN – 200710144426. 4　　CN – 200710158182. 5　　CN – 200710158181. 0
CN – 201010523866. 2